生态观新说

——物种种性漂移与生物信息论研究

王夫玉　博士　著

东南大学出版社
·南京·

内 容 提 要

本书以水稻种性漂移研究为引子，系统地论述了生物物种种性漂移的新观点，研究认为，生物(信息)进化是物种种性漂移的结果，物种种性漂移的外在成因是生境因素特别是食源诱发的，其内在成因是生物信息因生境噪声导致的失真，通过建立生物信息论给予了科学地解释。此外，书中还提出了生物信息起源假说。本书对生态学基础理论作了有益的探讨，其创新性、理论性和系统性较强，可供科研院所、高等院校相关专业的广大科技人员、教师和研究生参考。

图书在版编目(CIP)数据

生态观新说：物种种性漂移与生物信息论研究/王夫玉著. —南京：东南大学出版社，2010.10

ISBN 978-7-5641-2280-5

Ⅰ.①生… Ⅱ.①王… Ⅲ.①物种—发展—研究②生物信息论—研究 Ⅳ.①Q111.2 ②Q811.4

中国版本图书馆 CIP 数据核字(2010)第 093874 号

东南大学出版社出版发行

(南京四牌楼 2 号 邮编 210096)

出版人：江建中

新华书店经销 南京玉河印刷厂印刷

开本：850 mm×1168 mm 1/32 印张：3.5 字数：100 千字

2010 年 12 月第 1 版 2010 年 12 月第 1 次印刷

ISBN 978-7-5641-2280-5

定价：12.00 元

我的生态观

（代序）

鸡生蛋，蛋生鸡……是先有鸡？还是先有蛋？这个问题的首问时间可能发生在几千年前，但要回答这个问题的发生时期则可能要追溯到几千万年之前。科学的答案是：先有鸡后有蛋。那鸡又是从哪里来的呢？是恐龙变的！这个朴素的问题涉及到生物物种的生长、发育、遗传、变异和进化，而这些都是构成大生态学（generalized ecology，Gecology）的基本内容。

大生态学（Gecology）是指研究生物物种与生境因素（含生物因素）间的物质流、能量流、信息流和意识流等运行规律的科学。其中，物质流（matter flow）主要体现为生境因素对生物物种的起源、构造和发育等方面的影响关系，能量流（energy flow）主要体现为生境因素对生物物种的生存、攻击和避害等方面的影响关系，信息流（biological information flow）主要体现为生境因素对生物物种的遗传、变异和进化等方面的影响关系，而意识流（stream of consciousness）则主要体现为生境因素对生物物种的反馈、控制和人为影响等方面的影响关系，上述12个方面的影响简称生物十二法则。大生态学包括普通生态学、极端生态学和超限生态学。

著者初识生态学是三十年前在东海县中学读高中的时候，然认真思考生态学基础问题却是近十年的事，具体地讲，是在扬州大学攻读博士研究生期间，尽管之前在南京农业大学读硕士研究生时，为研究水稻群体动态曾发表过生物单种群数量生态学方面的系列研究论文。生态学基础问题的首要问题是生物从哪里来到哪里去？即生物起源与进化问题，它是生态学建立与发展的基石。这个问题似乎早已被查理·达尔文等科学家们所回答，其实不尽然，至少还没有完整回答这个问题。前人研究所得普遍的观点可归结为：生物的遗传、变异和自然及人工选择，从生物生命的生长周期讲，决定了物种的生长发育；从生物演化的历史长河讲，决定了物种的进化演替；生物进化遵循从低级到高级、由简单到复杂的规律进化。

然而，诸如以下问题仍未彻底解开或尚处争论之中：比如，地球生命起源之谜，目前的理论认为生命起源于海洋，即所谓的“原始汤”说，但其立论尚难服众；再如，生物进化的规律，一般认为从低级到高级，由简单到复杂，但生物界的发展并不都完全遵循这种模式进化，而趋于多样性进化；又如，生物进化的动力问题，流行的说法是自然选择和人工选择，即生物进化的“被动”说，人工选择可以理解，而自然选择则难以立论，近来，实践证明，进化的动力可能是多方面的；还如，在常态环境中，特定生物物种遵循规范的生长、发育、遗传、变异和进化的规律，然出现异常的或超极限的环境，其表现又如何？等等。

经过近十年的思考，结合人们最新的研究成果和观察发现佐证，著者认为：地球生物信息可能起源于海陆交界处的蒙脱石，并顺次经历了算术级数、几何级数的信息量演变；生物进化是物种种性漂移的结果，其成因是生境因素特别是食源诱发的。换言之，地球生物产生以后，不同空间内生境因素诱导生物物种种性漂移，能逐渐适应其中的物种得到了生存和进化，不能适应其中的物种则逐渐遭淘汰和消亡，生物进化是物种主动适应生境的行为积累过程，是自我扬弃的结果。著者拟借助建立生物信息论之手段，给予此观点以肤浅的解释：物种种性漂移源于生物信息失真，生物信息失真是生境噪声导致的，且具有非对称性性质，生物信息失真的不对称决定生物进化的多样性。以之试图对生物起源与进化学说作有益的补充。

著者对生态学基本问题的思考，曾用九篇论文进行了相关阐述，论文先后发表在《中国稻米》、《甘肃科学学报》和《中国农业科学》杂志上。这次借著者为东南大学出版社主编《新农民新知识丛书》的机会，在保持原文内容和形式基本不变的前提下，现将九篇论文整编成书，一同呈现给读者。编出此书的主要目的，是希冀读者给予更多的关注、研究、批评和指正，共同研究、探讨生态学的基本问题。

特拟此文，聊作是序。

著　者

二〇〇九年九月

目　　录

第一篇　引　　子

第二篇　正　　论

第三篇　引　　论

New Theory on Ecological Outlook

——Study on Specific Characteristic Drift and Biological Information Theory

Writed By

Wang Fuyu, Agronomy Doctor

Southeast University Press, 2010

CONTENTS

第一篇

引　子

第1章　水稻种性漂移及对策

摘　要：本章初步提出了水稻种性漂移的概念、界定方法、成因、类型和应对措施。

关键词：水稻；种性漂移；对策

任何水稻品种，均由一组特定的指标对其性状特征进行描述和框定，但随着品种使用世代的增加和环境因素、农艺措施的改变，这些性状的特征指标值均会发生不同程度的改变。有的性状改变是有益的，有的则是有害的；有的性状改变是可遗传给后代的，有的则是不可遗传的。为研究方便，现将水稻品种使用后发生性状改变的现象定义为种性漂移（varietal characteristic drift，VCD）。随着水稻超高产育种、栽培和优质稻米生产的发展，研究水稻品种种性漂移就越来越显得重要和突出。为此，本章拟就水稻种性漂移的界定、成因、类型和对策作初步论述。

1.1　水稻种性漂移的界定

如同其他物种一样，水稻品种可以看作是若干性状指标（characteristic index，CI）的集合，这些性状包括形态、解剖、生理、生化、遗传等多种类型。

原载：《中国稻米》，2001(3)：39-40

作者：王夫玉

收稿日期：2000-12-19

若设某一品种的初始(典型)性状指标集为$\{CI_{0\cdot1}\pm S_{0\cdot1}, CI_{0\cdot2}\pm S_{0\cdot2}, \cdots, CI_{0\cdot i}\pm S_{0\cdot i}, \cdots\}$,品种应用若干世代或经过一定措施处理后,其相应指标集为$\{CI_{n\cdot1}\pm S_{n\cdot1}, CI_{n\cdot2}\pm S_{n\cdot2}, \cdots, CI_{n\cdot i}\pm S_{n\cdot i}, \cdots\}$,则水稻品种性状指标差异的集合可表示为$\{CI_{0\cdot1}-CI_{n\cdot1}, CI_{0\cdot2}-CI_{n\cdot2}, \cdots, CI_{0\cdot i}-CI_{n\cdot i}, \cdots\}$。

当水稻品种所有性状指标差数的绝对值小于水稻品种原有典型性状指标相应的标准差($S_{0\cdot i}$)时,即$|C_{0\cdot i}-CI_{n\cdot i}|<S_{0\cdot i}$,称该品种发生了微弱种性漂移;当所有性状指标差数的绝对值均不大于$S_{0\cdot i}+S_{n\cdot i}$,但有一项或一项以上性状指标差数的绝对值大于$S_{0\cdot i}$时,即$S_{0\cdot i}\leqslant|CI_{0\cdot i}-CI_{n\cdot i}|\leqslant S_{0\cdot i}+S_{n\cdot i}$,称该品种发生了常态种性漂移;如有一项或一项以上性状指标差数的绝对值大于$S_{0\cdot i}+S_{n\cdot i}$时,即$|CI_{0\cdot i}-CI_{n\cdot i}|>S_{0\cdot i}+S_{n\cdot i}$,称该品种发生了严重种性漂移。

品种发生种性漂移,多是常态种性漂移;而微弱种性漂移因其处于群体取样的统计误差范围之内,可以略而不究;对于严重种性漂移,其发生概率小,一旦发生且被固定后,即可产生新的品种(系)。

1.2 种性漂移成因及类型

根据水稻品种种性漂移形成的原因,可将水稻种性漂移划分为机械学种性漂移、生物学种性漂移、遗传学种性漂移、气候学种性漂移和农艺学种性漂移等五种类型。前三种漂移的性状特征变化是可以遗传给后代的,称之为水稻遗传性种性漂移,又称不可逆种性漂移或狭义种性漂移,后两种的性状特征变化不能遗传给后代的,称之为可逆种性漂移,或称可塑性种性漂移。现对上述各类种性漂移的形成原因作了以下分析。

1.2.1 机械学种性漂移

机械学种性漂移,是指在水稻品种选育、繁殖、制种和使用过程中,由于操作不严,使得目标品种中混进了非目标品种的种子,导致其后代种性发生漂移。混杂的环节主要有品种繁育过程中的收、运、脱、晒、藏和品种使用过程中的播种、运苗、栽插等作业。因水稻繁殖系数高,发生机械学种性漂移的水稻群体,若收获后继续作为种子使用,便会很快提高其种性漂移速度。

1.2.2　生物学种性漂移

生物学种性漂移,一般是指具常异花授粉特性的水稻不同品种间发生天然杂交所造成的种性漂移。生物学种性漂移发生的原因主要是由于在品种繁育过程中,未将不同品种进行适当隔离而发生天然杂交造成的。此外,水稻还可能发生粳稻和籼稻间的天然杂交,造成亚种间混杂,导致亚种间生物学种性漂移的发生。水稻品种发生机械性混杂后,会加快品种的生物学种性漂移速度。

1.2.3　遗传学种性漂移

一般地说,水稻优良品种是一种纯系,但完全的纯是没有的,同一品种的各株间在遗传性上总会有差异,同一植株的基因型也不可能完全是纯合的。因此,其后代会不断分离,基因型由纯合化向杂合化转化,表现型也逐步由一致变为不一致。再加之群体内基因突变、自然选择、人工选择、生物选择以及遗传漂移的作用,水稻品种投入生产使用后,也会逐渐失去原有的典型性状,发生根基于遗传物质改变的遗传学种性漂移。

1.2.4　气候学种性漂移

相对而言,水稻品种典型性状的表现均有其时空性,当因异地栽培或分期播种造成的气候条件满足不了该品种生长发育的要求时,其原有的典型性状就会发生变化,导致种性漂移。如高低纬度间、高低海拔间以及沿海内陆间的引种,或将水稻品种进行分期播种,由于其生长发育必需的光照、积温、降雨等气象因子发生了变化，必然导致其性状指标产生差异，失去原有的典型性状，产生气候学种性漂移。

1.2.5 农艺学种性漂移

影响水稻品种生长发育的农艺措施很多，如播栽密度、肥料施用、水浆管理、防治病虫、防除杂草等。不仅如此，每一种农艺措施又是千变万化的，如施肥，可分有机肥和化肥等类型，化肥又可分氮肥、磷肥和钾肥等品种，氮肥又可分基肥和追肥等施用方法，追肥又有早和晚、多和少之分，等等。每一项农艺措施的改变，品种的性状指标也会随之发生变化，产生农艺学种性漂移。实践证明，农艺措施是最活跃因素，也是影响水稻品种种性漂移最复杂的因素。

1.3 水稻种性漂移的对策

水稻品种的种性漂移具有两面性，当有利于人们实现对水稻生产经济目标的追求时，是有益的；当不利于人们实现对水稻生产经济目标的追求时，则是有害的。

水稻品种发生不可逆种性漂移多是有害的，常导致品种纯度降低，种性退化，产量和品质均随之下降。在品种繁殖和生产应用时要尽可能避免机械学种性漂移和生物学种性漂移的发生，要研究品种遗传学种性漂移的内在规律，注重品种繁育的提纯复壮，并不断修正品种栽培的原有配套措施或研制相应的技术规程，以适应其生长发育。同时，在水稻品种发生良性不可逆种性漂移时，要采取系统育种等方法，尽早发现、分离、固定和加快繁殖，以便形成新的优良品种(系)，服务于稻作生产。

针对水稻品种具有可逆种性漂移之特性，应充分利用一切现代手段，研究和分析不同性状发生漂移的规律以及影响这些规律变化的气候因素和农艺措施的作用机理，综合运筹土壤、肥料、水浆、播种、栽插、密度、植保、温度、光照等诸多气象、农艺因子，扬水稻品种种性漂移之长，避水稻品种种性漂移之短，塑造水稻品种的理想株型和高光效源库优化型群体，以获取最佳的经济效益。

总的来说，在水稻高产乃至超高产和稻米品质的研究中，遗传、育种工作者和栽培、生理工作者的目标是一致的，即寻求水稻品种种性的趋优漂移，只是各自工作的着眼点和研究使用的方法或手段不同而已。

Varietal Characteristic Drift and Countermeasures in Rice

Abstract: The concept, delimiting methods, contributing factors, types and countermeasures of the varietal characteristic drift(VCD) of rice were superficially studicd in this chaper.

Key Words: rice; varietal characteristic drift (VCD); countermeasure

第二篇

正　论

第2章 生物信息起源假说*

摘　要：本章提出了一种假说：地球生物信息起源于海陆交界处的一种次生粘土矿物——蒙脱石〔$(OH)_4Al_4Si_8O_{20}$〕。在初始生物信息形成后，其数量经算术级数和几何级数增长，发展成为今天丰富的生物信息资源，文中还就相关问题进行了讨论。

关键词：岩石风化；次生粘土矿物；蒙脱石；初始生物信息；类生命物体；类生命体；生命体；生物信息

两个多世纪以来，G. Buffon，J. B. Lamark，C. Darwin，A. Weismann和T. Dobzhansky等研究认为[1,2]：生物是遵循一定规律进化的，即从低级到高级，由简单到复杂，体现在其形态构造的复杂化和生理机能的多样化。然而生物界的发展并不都完全遵循这些模式进化[2]，而呈多样性进化。近年来研究表明[3,4]：生物物种的生灭、种群的消长以及群、个体性状的变化，均是种性漂移(specific characteristic drift，SCD)的结果，而SCD是由生物信息在其传递和表达过程中受生境噪声作用产生失真所致[5]。因此，生物进化方式的多样性，取决于生物信息起源、进化的随机性和生物群、个体性状对生境适应方式的多样性。为深入研究之，拟在生物信息学(bioinformatics)、生物信息论(biological information

---

* 纪念DNA双螺旋结构发表50周年

原载：《甘肃科学学报》，2003，15(4)：34-39

作者：王夫玉

收稿日期：2002-11-07

theory)等研究的基础上[5,6]，综合生物进化论、土壤学、生物学和古生物学等诸方面知识[1,2,7~9]，提出生物信息起源的一种假说，现叙述之。

2.1 生物信息起源的初始条件

地球的形成、地球初期运动以及由之引起的地表能量、物质的变化，是生物信息起源的先决条件。目前，关于地球的形成有 2 种流行假说：其一是地球来源于形成太阳系的同一星云，此称星云说；其二是地球来源于宇宙空间尘埃聚集，此称聚尘说。分析有关资料表明，地球形成仍有第 3 种可能存在。

通过分析和比较太阳系中行星大气圈及星表流动液体已确定的成分[10,11]，可以发现：除地球及无大气圈的水星外，其余行星的大气成分主要是 CO_2（金星、火星等）、H_2（木星、土星、海王星等）和惰性气体等，星表流动的海洋是液体 H_2（木星、土星），同太阳一样为还原性星球；地球大气层的成分主要是 N_2、O_2 等，地表流动的液体是水，为氧化性星球，明显有别于太阳系其他星球。

前人研究认为，地球大气圈中的 O_2 是来自生物光合作用的结果[2]，这个推论难以成立，根据可以确定的资料数据计算[12~16]，地球上生物体总质量（干重）约为 5.0×10^{16} kg，地表土壤有机质（5%）约为 1.3×10^{16} kg，海洋中容纳及沉积的有机质约为 6.4×10^{15} kg，按固碳释氧比 6∶8 及有机质中含碳 45%计，合成上述有机物质应释放 O_2 的量约为 4.16×10^{16} kg，化石燃料（煤、石油、天然气）含碳约 5.56×10^{14} kg，固定之可释放 7.41×10^{14} kg 的 O_2，加之未尽因素，如含化石燃料成分的油页岩等，估计全球有机物固碳释氧量不超过 5.0×10^{16} kg，约为地球大气圈中 O_2（1.01×10^{18} kg）的 1/20。所以，地球大气圈中的 O_2 是先天的可能性较大，而非来自生物光合作用的结果。

据之，有理由推测地球来自太阳系之外，设想原始地球在受外来行星极猛烈撞击后分裂，并脱离了原恒星系束缚，被太阳系捕获后，最终形成地球及其卫星——月球，称地球形成的这种可能为楔入说（Wedging hypothesis）。据月球体积、质量分别为地球的 1/48 和 1/81 推算，行星撞击原始地球的入射角——入射方向与过入射点直径夹角应在 74°左右，削深约为原始地球半径的 1/12。

地球表面温度（temperature，T）取决于地内和地外两个方面的能量变化，它是影响生物起源与进化的最重要的生境因素。T 由 3 部分构成：地球形成过程中自身物质运动产生的温度（T_1）、太阳辐射给予地球的温度（T_2）和宇宙天体（包括月球）综合力作用导致的地球物质运动而产生的间发性温度（T_3）。可推导其变化模式为：

$$\begin{aligned} T &= T_1 + T_2 + T_3 \\ &= Ae^{-\mathrm{B(t+c)i}} + D(1 - e^{-\mathrm{E(t+c)}}) + \sum f_j(t) \end{aligned} \tag{1}$$

式(1)中，T_1、T_3 反映了地内能量（energy from the earth），T_2 反映了地外能量（energy from the outer space）；A、B、C、D、E 均为常数，t 为时间，单位为百万年（Ma）；i 值取决于地球形成方式，楔入说 $i=1$，且 $C<4\,600$ Ma，聚尘说 $i=2$，且 $C>4\,600$ Ma，星云说 i 值介于 1 与 2 之间，且 $C=4\,600$ Ma；$\sum f_j(t)$ 是虚拟函数簇，j 为第 j 个虚拟函数，用于矫正地球演变历史上出现的异常温度变化，如震旦纪大冰期、第四纪大冰期等；A 值介于 1 500℃（地幔温度）于 100℃（沸腾海洋）之间，D 值可以根据地球不同地理纬度面积和相应接受太阳热量情况来推算，大致为 14℃左右；从地质年代推测，T_1 在地球的冥古代、太古代对 T 起决定作用，例如，38 亿 a 前的海洋温度的 80℃[2]，T_2 从地球元古代起逐渐决定了 T，当今地球的 $T \approx T_2$。

位于宇宙某一恒星系的原始地球，其表面完全被海洋覆盖，海洋又被大气层包裹，大气成分主要是 N_2、O_2 和 CO_2 等。原始地球被撞击后，发生了分裂，并脱离了原恒星系。在被太阳系捕获后，宏观上，残缺的原始地球进行了激烈地物理造球运动，包括海洋形成、陆地突起、大气变化等；微观上，在新的温度、重力场和引力场作用下，进行一系列物质重组的无机化学变化，进而进行了有机化学变化和生物化学变化。从此，地球走入了生命星球演化的历史长河。

2.2 生物信息起源与进化

2.2.1 初始生物信息起源的立论

原始地球被撞击后，在产生海洋的同时，陆地从海洋中突起。陆地由坚硬的岩石构成，岩石由一种或数种矿物质组成，地壳中，组成生命的大量元素 C、H、O、N、P、K 分别占 0.35%、1.00%、49.13%、0.04%、0.12%和 2.35%[7]。岩石经物理风化(physical efflorescence)、化学风化(chemical efflorescence)，形成次生粘土矿物(secondary clay mineral)，并释放一些简单可溶性盐基物质——无机分子；与此同时，地球大气在光化学、电化学、宇宙射线等极端作用下，产生了多种类型的有机小分子，并随降水落到陆地表面，流向海洋。在海陆交界处，水分子、无机分子、有机小分子以及被地球捕获的天文分子[2]，经粘土矿物胶体颗粒吸附和团聚作用，在自然力的长期作用下，形成了包括多肽在内的多类有机中、大分子群，并以粘土胶体颗粒为中心(核)，形成了可以对外进行物质、能量交换的类生命物体或称半生命物体(quasi-life substance)。类生命物体经长期的、复杂的、阶梯式的超循环自组织化过程之演化，其多肽进一步完善为类酶蛋白质分子(quasi-enzyme protein)，并在类酶蛋白质分子和其他分子的共同作用下，产生类 RNA(quasi RNA)，进而产生类 DNA(quasi DNA)。类 RNA 和类 DNA 进一步演化、变构，到类生命物体演化末期，就演变成了初始 RNA、DNA。至此，初始生物信息(elementary biological information)便随着类生命体或称半生命体(quasi-life body)的出现而产生了。

物理风化，使岩石变成碎屑，产生了对水和空气的通透性，其主要因素是温度及自然力；化学风化，使岩石彻底分解，形成了次生粘土矿物，其主导因素是湿度(水)、温度等。次生粘土矿物，颗粒很小，粒径一般小于 10^{-6}m，呈胶体分散状态，具有了吸附性、粘性和可塑性，并出现毛管现象，有一定的蓄水性，同时释放一些盐基物质。伴随着上述性质的出现，次生粘土矿物开始具备了水、气、热、养分等条件，为类生命物体的诞生提了温床。

在岩石风化中，化学风化作用大于物理风化，而在化学风化中，水解作用(hydrolysis reaction)则显得最为重要。水解作用是因为水部分解离形成 H^+，置换岩石中的金属，使矿物彻底分解，引起岩石内部性质的彻底改变。水解作用的大小取决于解离度(Y)，水的解离度随温度(T)增加而呈指数增加，拟合有关试验数据[7]，可得：

$$Y = 1.0829e^{0.0410T}\ (r = 0.9972^{**},\ n = 5) \tag{2}$$

可见，岩石遭遇的水解作用是十分强烈的。若水中含有 CO_2 及其他酸类物质，水解作用则更加强烈。

次生矿物主要有蒙脱石、伊利石、高岭石等次生铝硅酸盐粘土矿物；一般粒径小于 5.0×10^{-6}m，X 射线法研究表明，它由 1 000 多层组构成，每个层组由硅氧片和水铝片叠合而成。根据资料[7]推断：蒙脱石(montmorillonite)可能是类生命物体演化的最初固着物(核)。这是蒙脱石有别于其他次生粘土矿物的超微结构及其性质所决定的：

① 由岩浆岩(magmatic rock)中喷出岩风化而成的蒙脱石〔$(OH)_4Al_4Si_8O_{20}$〕又称微晶高岭石，由两片硅氧片中间夹一水铝片组成的 2∶1 型粘土矿物，其晶层表面没有 OH 原子组，晶层间

由水分子引力连接，其间的距离视吸收水分子的多少而易于伸展，膨胀度达 90%～100%，伸展范围可达 0.96×10^{-9}～2.14×10^{-9} m，达到了度量生物大分子大小的数量级（10^{-9} m）。换言之，蒙脱石具备了供生物大分子合成的空间场所和机械动力——晶层间得失水而引起的张力作用力。

② 蒙脱石颗粒小，粒径仅为 10^{-8}～10^{-6} m，比面大，为 700～800 m^2/g，远大于其他次生粘土矿物，具有巨大的内外表面，因而吸附力极强，吸附物质分子多，为合成生物大分子储备了丰富的原材料。

③ 蒙脱石因同晶异质代换作用而携带负电荷，其电荷量显著或极显著高于其他次生粘土矿物，由此为合成生物大分子提供了微电能量和激活剂。

④ 蒙脱石不仅有较强的可塑性和粘结性，而且吸水力强，吸水量多，保水性好，这就为合成生物大分子及其进一步变构、演化提供了较为稳定的良好环境。

2.2.2 生物信息的算术级数增加

在类生命物体演化末期，当初始生物信息产生时，类生命物体就过渡成类生命体，具有了生命气息，类生命体的形成，为生物信息交流提供了可能和平台。生物信息的交流是双向的，既有融合，也有分离，其中融合是大势。融合主要有以下 3 种方式：第 1 种是类生命体 2 个或 2 个以上融合；第 2 种是脱核（粘土颗粒）类生命体 2 个或 2 个以上融合；第 3 种是 2 个或 2 个以上类生命体或脱核类生命体发生融合。不管那种方式，融合过程是漫长的，融合个数是逐渐增加的，融合而成的类生命体团（group of quasi-life bodies），其初始生物信息的数量呈算术基数增加，即类生命体团有多条类 RNA 和 DNA，再经过长期的演变，核全部脱掉后，在各类生物大分子的集体作用下，类生命体团逐渐演化成了单细胞的原始生命体，这种生命体可以通过其内部各类大分子功能特化而独立地对外界进行物质、能量和信息交换。由此(约 4 000~3 800 Ma),地球上便产生了真正意义上的具有完整生物信息(biological information)的生命——生命体即生物体(organism)。

2.2.3 生物信息的几何级数增长

地球生命的初期是单细胞生物体(unicellular organism),包括类似噬菌体结构的生物体。这类生物体中都有一条或一套相对稳定的生物信息载体 DNA 或 RNA, DNA(或 RNA,下同)规定了生物体的性质、行为和结构等,包括细胞核分化、自养异养分离、化能光能自养区别和细胞壁有无及组分差异,等等,当这类生物体的物质、能量及信息积累到一定数量后,便开始了两种方式的分裂繁殖(简称分殖):一是不断分殖的新细胞分离,各自形成独立生物体;二是不断分殖的新细胞联合在一起,共同形成多细胞生物体(multicellualr organism)。这两种分殖方式所产生的新的生物体均为低等生物,多细胞生物体进一步进化,在生物信息控制下,生物体不同细胞群出现了形态与功能分化,形成了组织和器官,此时,生物进化也由低等生物阶段进入了高等生物阶段,生物体逐渐出现了性别分化、减数分裂、单倍体与双倍体世代交替的生活史。上述生物进化过程在生物信息的数量表现上,已进入呈几何级数增长的阶段。

2.2.4 地球生物进化的可能路径

地球生命孕育并产生于海陆交界处,在生物信息呈几何级数增长期的初始阶段(约 3 800~3 500 Ma 前),单细胞的生命体向海、陆两相转移、扩散和进化,向陆相分化挺进的生命体逐渐演化成菌类和地衣,菌类包括细菌门、粘菌门和真菌门,地衣则是菌与藻的共生体,因陆相环境条件差,陆相生命体(terrestrial organism)推进缓慢,繁衍速度不快;向海相分化挺进的生命体逐渐演化成藻类,包括蓝藻门、绿藻门等 7 个门,因海相环境条件稳定,营养丰富，且海水易于流动，海相生命体(marime organism)推进迅速，繁衍速度快。

经过漫长的生命演化(约 3 500～1 500 Ma 前)，环境与生物种群均发生了巨大变化。在环境方面，因陆地风化和降水冲刷，海洋盐基成分和含量大幅度增加，改变了海洋生物的生存环境；同时，地球活火山数量减少，空气中尘埃逐渐落定，加之海洋藻类的光合作用吸收 CO_2 和释放 O_2，改变了大气的构成和压强，也改变了太阳的光辐射成分及数量，陆相生境也得到了显著改善。在生物种群方面，在海相生物种类增多和种群数量急增的同时，因陆相生境条件的改善，使得一些海相生物因海进、海退而登陆生存和繁衍，扩大了陆生种群种类和数量。由于海相生境条件的变化，海相生物演化因此得到促进，大约在 1 500～800 Ma 前，出现了多细胞生物体——绿藻以及后来的高级藻类，又经过相当长时间演变(约 800～550 Ma 前)，海相生物种群数量达到了有史以来的第一个高峰，海相盐基的积累也因陆相生物生存加速了岩石的风化而加快了速度，为海相生物的爆发式进化提供了条件——丰富的食源、较低的温度和适中的海水渗透势，直接导致寒武纪生物尤其是动物大爆发。

寒武纪之后，陆相植物沿着蕨类植物、裸子植物和被子植物的进化方向进化，并顺次进入鼎盛时期；与此同时，动物进化从海洋中起步，逐步进入加快进化阶段，海相动物演化经过脊索动物阶段，于 400 Ma 前出现了脊椎动物——鱼类，于 300 Ma 前出现了两栖类动物，等等。脊椎动物的产生，在生物进化史上便出现了一个崭新的阶段，即生物信息特化器官——脑的形成期。从生物信息论角度看，脑的出现具有重要意义，脑器官出现以前，生物体所具有的生物信息是系统发育的结果，它的传递和表达是生物体的遗传本质与环境作用的结果，是客观的适应；而有脑器官出现以后，生物信息的传递和表达就具有了主观的成分。换言之，无脑生物被动适应环境，而有脑生物主动适应环境。当人类祖先

(5.2 Ma 前)及后来的真人(2 Ma 前)出现以后,随着人类生存的实践,人脑器官逐渐出现了外延,生物信息的主观方面成了主要方面,其进化也由数万年前的智力进化逐步迈向今天的智能进化。

2.3 问题与讨论

2.3.1 关于生命信息起源的初始位置

地球在 40～38 亿年前,才逐渐形成地壳,也是地球生命诞生的准备阶段——化学演变,此时地球表面可划分为海相、陆相和海陆交界处。那么,生命起源的初始位置在哪里呢? 以往的研究多认为生命诞生在海相[2],但现在分析看来,地球生命起源的初始位置在海陆交界处的可能性较大,这是因为:其一,有为原始生命产生提供微空间和固着物;其二,有为原始生命形成提供原始材料和养分;其三,有为原始生命合成提供初始动力和激活剂;其四,有为原始生命形成、生存和初始演化提供较为稳定的良好环境;等等。

2.3.2 关于生物信息进化的主导因素

影响生物信息进化的因素是多方面的,但有一点可以肯定,即生物进化不是时间的必然产物。换言之,生物进化成果或生物信息量的积累与时间的延续间没有必然的因果关系。那么影响生物信息进化因素尤其主导因素是什么呢? 是环境因素,包括光、温、水、气、热、肥、电、磁、场、压和生物因素等,其中温、热决定生物信息进化的方向和速度,决定生物信息的纵向进化方面;水、气、光、肥、电、磁、场、压等决定生物信息进化的数量和规模,主要决定生物信息的横向进化方面;生物则通过配合上述因素而起促进作用。地球表面的温、热变化,可以用温度(℃)来表示,分析地球生物进化史可以发现,温度尤其是低温变化可能更有利于生物进化,如冰河期过后往往出现新的物种大爆发现象等。

2.3.3 关于生物物种进化的先后顺序

生物起源与进化的核心内容是生物信息的起源与进化,生物进化是遵循一定规律顺次进行的。从获取物质、能量等方面看,原始生命形成的初期是异养的,然后进化为自养;在自养中,化能(地内能量)自养进化在先,光能(地外能量)自养进化在后。从细胞形态、结构等方面看,生命演化的初期是类生命体,然后演化为原核单细胞生物,再进化为真核单细胞生物和真核多细胞生物。从生物的类别、生活习性等方面看,生物进化是沿着原生生物(微生物)、植物和动物方向进化的,虽然动物与植物在进化母体上可能同源,但动物的进化速度及其兴旺时期要远落后于植物,然而,起源于海洋的动物在其进化层面上却远远高于植物。

参考文献:

[1] 张昀. 生物进化[M]. 北京:北京大学出版社,1998.
[2] 郝守刚,马学平,董熙平,等. 生命的起源与演化——地球历史中的生命[M]. 北京:高等教育出版社,施普林格出版社,2000.
[3] 王夫玉. 论水稻种性漂移及对策[J]. 中国稻米,2001(3):39-40.
[4] 王夫玉. 物种种性漂移研究[J]. 甘肃科学学报,2002,14(3):62-69.
[5] 王夫玉. 物种种性漂移的生物信息论基础[J]. 甘肃科学学报,2003,15(1):43-48.
[6] Andreas D. Baxevanis, B. F. Francis Ouellette. Bioinformatics: a Practical Guide to the Analysis of Genes and Proteins[M]. John Wiley Sons, Znc, 1998.
[7] 侯光炯主编. 土壤学[M]. 北京:农业出版社,1980.
[8] 张永辂,刘冠邦,边立曾,等. 古生物学(上、下)[M]. 北京:地质出版社,1998.
[9] Fairbridge R. W., Jablonski D.. 古生物学百科全书(上、下)[M]. 秦洪

宾译. 北京:地质出版社,1989.

[10] 艾萨克·阿西莫夫. 地球和它的近邻,行星世界的巨人,水星与火星等[M]. 蒋窈窕等译. 南京:江苏科学技术出版社,2000.

[11] Bill Arnett. The nine planets—A Multimedia Tour of the Solar System [M]. William A. Arnett, 2002.

[12] 曲仲湘主编. 植物生态学[M]. 北京:人民教育出版社,1980.

[13] 孙曦主编. 农业化学[M]. 上海:上海科学技术出版社,1980.

[14] G. W. 柯克斯,M. D. 阿特金斯. 农业生态学——世界食物生产系统的分析[M]. 王在德译. 北京:农业出版社,1987.

[15] http://www.cct.org.cn/. 2002-10-29.

[16] http://www.energy-china.com/. 2002-10-29.

A Hypothesis on the Origin of Biological Information

Abstract: A hypothesis was described in the chaper as follows: biological information on the earth originated from the montmorillonite[$(OH)_4Al_4Si_8O_{20}$]that was a kind of secondary clay mineral on the juncture of the sea and the land. After the emergence of elementary biological information, the biological information content increased and evolved into rich biological information resources of today by way of arithmetic progression and geometric progression. Some problems were also discussed in this chaper.

Key Words: rock efflorescence; secondary clay mineral; montmorillonite; elementary biological information; quasi-life substance; quasi-life body; organism; biological information

第3章　物种种性漂移*

摘　要：本章给出了物种种性漂移的定义，分析了物种机械学种性漂移、生物学种性漂移、遗传学种性漂移、气候学种性漂移和农艺学种性漂移的成因，提出了用于界定物种种性漂移的算术分析法和统计分析法，并用之对水稻单穗粒重性状因播期影响而发生的漂移进行了界定，还就诸如针对种性漂移所应采取的对策等问题进行了讨论。

关键词：物种；种性漂移；成因；界定；水稻；单穗粒重；播期

生物种群的数量性状不仅因生态环境的变化而呈规律性改变[1~12]，其质量性状也因生境的变化而改变，且后者是前者的基础。在稻作科学研究和生产实践中，水稻品种的质量性状指标受农艺措施影响而变化[13~15]，对生境变化具有敏感性反应[16]，敏感性反应的结果常导致水稻品种性状发生改变，并将水稻品种使用后发生性状改变的现象称为种性漂移[17]。事实上，上述现象在一切生物物种上均会发生。为研究方便，将生物物种性状特征因自身遗传基础或生态环境因子变化而改变的现象定义为生物物种的

---

* 物种指起源于共同的祖先，有极近似的形态特征，且能正常繁衍后代的同种生物（植物、动物或微生物）的个体群。包括分类学中的种（species）、亚种（subspecies）、变种（varietas）、变型（forma）、生态学中的生态型（ecotype）和农艺学中的品种（variety，cultivar）、品系（strain，line）等。

原载：《甘肃科学学报》，2002，14(3)：62-69

作者：王夫玉

收稿日期：2001-09-26

种性漂移(specific characteristic drift, SCD)。有关物种种性漂移研究,尚未见国内外有关文献报道。为此,在对水稻品种种性漂移进行初步论述的基础上[17],就物种种性漂移的类型、成因和界定方法等做较深入研究,以期引进人们的关注。

3.1　种性漂移成因及类型

根据生物物种 SCD 形成的原因,可将 SCD 划分为 5 种类型,即机械学种性漂移(mechanical SCD, MSCD)、生物学种性漂移(biological SCD, BSCD)、遗传学种性漂移(genetic SCD, GSCD)、气候学种性漂移(climatological SCD, CSCD)和农艺学种性漂移(agronomic SCD, ASCD)。前 3 种 SCD 的性状特征变化是可遗传给后代的,称之为不可逆 SCD(irreversible SCD, ISCD)或称狭义 SCD;后 2 种 SCD 的性状特征变化是不可遗传给后代的,称之为可逆 SCD(reversible SCD, RSCD)或称可塑性 SCD,以下对各类 SCD 的形成原因进行剖析。

3.1.1　机械学种性漂移(MSCD)

MSCD 通常是指人们在选育、繁殖和使用物种的过程中,由于操作不严,使得目标物种中混进了非目标物种的个体,导致其后代发生 SCD。生产上,作物混杂的环节主要有品种繁育过程中的收、运、脱、晒、藏和品种使用过程中的播种、运苗、栽植等作业,动物混杂的环节主要有贩运、散放和混养等。自然状态下,动物的迁徙、动物的携带、风力的搬运、水流的运载以及泥沙、地壳的运动等都会成为 SCD 发生的成因,当混杂物种的繁殖系数高时,发生 MSCD 的群体会很快提高其 SCD 速度。

3.1.2　生物学种性漂移(BSCD)

BSCD 一般是指具有异花授粉或常异花授粉特性的植物物种

间发生天然杂交所导致的SCD，自然生存、散放、混养的动物物种间也常因发生杂交导致BSCD的发生。生产上，BSCD发生的原因主要是由于在物种繁殖过程中，未将不同物种进行适当的时间、空间、生态或生殖隔离而发生天然杂交造成的。除了物种不同品种间因近亲杂交而发生BSCD外，还大量存在着因亚种间、种间甚至属间等发生远缘杂交而形成的BSCD。例如，水稻粳亚种和籼亚种间发生天然杂交后，造成亚种间杂交，导致亚种间BSCD的发生。

3.1.3 遗传学种性漂移(GSCD)

一般地说，生产上使用的物种是一种纯系，但完全的纯是没有的，同一物种的个体间在遗传上总有差异，同一个体的基因型也不可能是绝对纯合的。因此，其后代会不断分离，基因型由纯合化向杂合化转化，表现型也逐步由一致变为不一致，物种投入生产使用后，必然会逐渐失去原有的典型性状。自然条件下，物种群体内因遗传物质重组、基因突变、自然选择、生物选择以及遗传漂移的作用，遗传基因及其性状特征表现均会发生改变，上述发生根基于物种自身遗传物质改变的SCD即称GSCD。

3.1.4 气候学种性漂移(CSCD)

相对而言，任何物种典型性状的表现均有其时空性，当因异地栽培、饲养、培养或分析处理时，常会造成环境(包括微环境到大环境)气候条件满足不了该物种生长发育的要求，其原有的典型性状就会发生变化，导致SCD。如高低纬度间、高低海拔间以及沿海内陆间的引种，或将物种分期处理，由于其生长发育必需的光照、积温、降雨、风源等气候因子发生了变化，导致其性状指标产生差异，失去原有典型性状，形成CSCD。从实践看，植物、微生物物种比动物物种更易发生CSCD。

3.1.5 农艺学种性漂移(ASCD)

影响物种生长发育的农艺措施(人类行为因素)很多。植物如播栽密度、肥料施用、水浆管理、病虫防治、杂草防除等;动物如饲料配方、病虫防治、饲养设施等,不仅如此,每一项农艺措施又是千变万化,如作物施肥,可分有机肥和化肥等类型,化肥又分氮肥、磷肥和钾肥等品种,氮肥又可分基肥和追肥等施用方法,追肥又有早晚和多少之分等等。每一项农艺措施的改变,物种性状指标也会随之发生变化,产生ASCD。实践证明,农艺措施是最活跃的因素,也是影响物种发生SCD的最复杂因素。

3.2 种性漂移界定的原理

任何生物物种,均有一组特定的指标对其性状特征进行描述和框定,但随着物种世代的增加和环境因素、农艺措施的变化,这些性状的特征指标值均会发生程度不同的SCD,正确界定SCD及其程度,具有重要的科学意义。经研究,可以采用2种方法对SCD进行界定,即算术分析法(method of arithmetic analysis, MAA)和统计分析法(method of statistical analysis, MSA)。

3.2.1 种性漂移界定的算术分析法(MAA)

所有物种都可看作是由若干性状指标(characteristic index, CI)组成的集合,这些性状指标包括形态、解剖、生理、生化、遗传等多种类型。若设某一物种初始(典型)性状指标集(A_0)为:

$$A_0 = \{CI_{0\cdot1} \pm S_{0\cdot1}, CI_{0\cdot2} \pm S_{0\cdot2}, \cdots, CI_{0\cdot i} \pm S_{0\cdot i}, \cdots\} \quad (1)$$

该物种经若干世代或经一定措施处理后,其相应的性状指标集(A_n)为:

$$A_n = \{CI_{n\cdot1} \pm S_{n\cdot1},\ CI_{n\cdot2} \pm S_{n\cdot2},\ \cdots,\ CI_{n\cdot i} \pm S_{n\cdot i},\ \cdots\} \quad (2)$$

则该物种性状指标差异的集合(A_{0-n})可表示为：

$$A_{0-n} = \{CI_{0\cdot1} - CI_{n\cdot1},\ CI_{0\cdot2} - CI_{n\cdot2},\ \cdots,\ CI_{0\cdot i} - CI_{n\cdot i},\ \cdots\} \quad (3)$$

根据式(1)～(3)，可将 SCD 界定分为以下 3 种标准：

(1) 微弱种性漂移(FSCD)　当物种所有性状指标差数的绝对值均小于其初始(典型)性状指标相对应的标准差($S_{0\cdot i}$)时，即

$$|CI_{0\cdot i} - CI_{n\cdot i}| < S_{0\cdot i} \quad (4)$$

称该物种发生了微弱 SCD(faint SCD, FSCD)。由于 FSCD 处于取样的统计误差范围之内，略而不究，或称没有发生 SCD。当难以确立初始(典型)性状指标集时，处理前后的指标集(A_m, A_n)可互为参照系，SCD 的界定则通过相互比较进行确立，这时 FSCD 的界定标准则为：

$$|CI_{m\cdot i} - CI_{n\cdot i}| < (S_{m\cdot i} + S_{n\cdot i})/2 \quad (5)$$

(2) 常态种性漂移(NSCD)　当所有性状指标差数的绝对值均不大于 $S_{0\cdot i} + S_{n\cdot i}$，但有一项或一项以上性状指标差数的绝对值大于 $S_{0\cdot i}$ 时，即

$$S_{0\cdot i} \leqslant |CI_{0\cdot i} - CI_{n\cdot i}| < S_{0\cdot i} + S_{n\cdot i} \quad (6)$$

称该物种发生了常态 SCD(normal SCD, NSCD)。一般物种发生的 SCD，多是 NSCD。同样，当难以确定初始(典型)性状指标集时，仍可以将处理前后的指标集互为参照系，这时 NSCD 的界定标准为：

$$(S_{m\cdot i} + S_{n\cdot i})/2 \leqslant |CI_{m\cdot i} - CI_{n\cdot i}| < S_{m\cdot i} + S_{n\cdot i} \quad (7)$$

(3) 严重种性漂移(SSCD)　如有一项或一项以上性状指标差数的绝对值大于 $S_{0\cdot i} + S_{n\cdot i}$ 时，即

$$|CI_{0\cdot i}-CI_{n\cdot i}|\geqslant S_{0\cdot i}+S_{n\cdot i} \tag{8}$$

则称该物种发生了严重 SCD(serious SCD, SSCD)。自然条件下，物种发生 SSCD 的概率较小，一旦发生且被固定后，即可产生新的品种甚至新的物种。同样，当难以确定初始(典型)性状指标集时，仍可以将处理前后的指标集互为参照系，这时 SSCD 的界定标准为：

$$|CI_{m\cdot i}-CI_{n\cdot i}|\geqslant S_{m\cdot i}+S_{n\cdot i} \tag{9}$$

3.2.2　种性漂移界定的统计分析法(MSA)

所谓物种 SCD 界定的统计分析法，就是应用数理统计原理，在一定概率保证下，对物种 SCD 做出显著与否以及显著程度的判断，其主要原理可简述如下：

首先，设供试物种某一特定性状的初始取样数列为 $CI_{1\cdot 1}$，$CI_{1\cdot 2}$，…，$CI_{1\cdot m}$，…经若干世代或一定措施处理后的取样数列为 $CI_{2\cdot 1}$，$CI_{2\cdot 2}$，…，$CI_{2\cdot n}$，…然后，再利用下式求其 t 值：

$$t=\frac{(\overline{CI}_1-\overline{CI}_2)\sqrt{mn(m+n-2)}}{\sqrt{(m+n)(SS_1+SS_2)}} \tag{10}$$

式(10)中的 SS_1 和 SS_2 是特定性状处理前后取样数列的离均差平方和(sum of squares, SS)。当 $m=n$ 时，式(10)可以简化为：

$$t=\frac{(\overline{CI}_1-\overline{CI}_2)\sqrt{n(n-1)}}{\sqrt{(SS_1+SS_2)}} \tag{11}$$

式(10)、(11) 中的 t 值服从自由度为$(m+n-2)$ 或 $2(n-1)$ 的 t 分布。最后，查 t 分布表，即可界定该特定性状发生漂移的显著性。

根据由取样误差造成的概率(probability, P) 的大小，可将物种 SCD 界定分为不显著($P>0.050$)、显著($0.050\geqslant P>0.010$)、

极显著($0.010 \geqslant P > 0.001$)和超极显著($P \leqslant 0.001$)等4个等级标准。

3.3 种性漂移界定的示例

为演示物种SCD界定的方法,现依据偏迟熟水稻品种北移种植的有关播期试验资料[16,18],以品种单穗籽粒重(grain weight per pancile, GWP)作指标,分析和界定GWP受播期影响而发生性状漂移的结果。

3.3.1 试验设计及实施概况

试验于1997—1999年在江苏省东海县农业科学研究所进行,土壤为腰黑黄土,前茬均为小麦。供试田块土壤基础肥力是:有机质含量为1.270%,全氮(N)为0.124%,速效氮(N)、磷(P)、钾(K)含量分别为149.1、19.6和95.0 mg/kg。试验分品种和播期2个处理因素,供试品种为镇稻88(中熟中粳)、早丰9号(晚熟中粳)和武运粳7号(原称9522,早熟晚粳),播期处理为4月30日(ST_1)、5月10日(ST_2)、5月20日(ST_3)、5月30日(ST_4)和6月9日(ST_5),10 d间隔。试验裂区设计,品种为主区,播期为副区,小区面积平均为12 m^2,试验重复3次,分别用Ⅰ、Ⅱ和Ⅲ示之。

试验采用肥床旱育秧,净板播种量依播期顺次为300 kg/hm^2、525 kg/hm^2、750 kg/hm^2、1 500 kg/hm^2和3 000 kg/hm^2,试验于6月24日(1997年)或6月25日(1998—1999年)移栽,密度为31.5万穴/hm^2,每穴2苗。试验田的肥水管理及病虫防治均按高产田标准运筹。移栽时,每小区定点10穴记载茎蘖动态,第Ⅰ重复各小区另定10穴记载叶龄,茎蘖数、叶龄值观测记载均5 d一次,至齐穗期止,统一标准,及时记录不同处理的各个生育时期,试验统一于10月26日取样考查穗粒结构,并核收小区产量。小区产量的测定方法是,小区收获脱粒后扬净称鲜重,再取样烘干，按 14%含水量统一折算获得实产。

3.3.2　播期对单穗粒重影响

水稻单穗籽粒重(GWP)均采用小区实收产量除以相应穗数的计算方法获取，不同品种在不同年份和不同播期条件下的 GWP 见表 3-1、表 3-2 和表 3-3。

表 3-1　播期对镇稻 88 单穗粒重(g)的影响

年度	重　复	播　期				
		ST_1	ST_2	ST_3	ST_4	ST_5
1997	Ⅰ	3.397	3.535	3.534	3.195	3.058
	Ⅱ	3.388	3.523	3.234	3.003	2.944
	Ⅲ	3.240	3.492	3.296	3.096	2.941
1998	Ⅰ	2.910	3.083	3.194	2.909	3.042
	Ⅱ	2.886	3.091	3.108	2.940	2.923
	Ⅲ	2.907	3.023	3.208	2.872	3.017
1999	Ⅰ	3.320	2.858	3.169	2.886	2.524
	Ⅱ	3.305	2.847	3.264	2.878	2.485
	Ⅲ	3.373	2.884	3.160	2.924	2.632
$\overline{GWP}$		3.191 8	3.148 4	3.240 8	2.967 0	2.840 7
±S		0.223 3	0.290 7	0.123 6	0.111 5	0.228 2

表 3-2　播期对早丰 9 号单穗粒重(g)的影响

年度	重　复	播　期				
		ST_1	ST_2	ST_3	ST_4	ST_5
1997	Ⅰ	2.690	2.814	2.282	2.520	2.322
	Ⅱ	2.533	2.846	2.510	2.543	2.227
	Ⅲ	2.564	2.696	2.508	2.581	2.039
1998	Ⅰ	2.673	2.434	2.567	2.225	2.208
	Ⅱ	2.425	2.467	2.597	2.276	1.975
	Ⅲ	2.560	2.367	2.590	2.387	2.166

续表 3-2

年度	重复	播期				
		ST_1	ST_2	ST_3	ST_4	ST_5
1999	Ⅰ	2.657	2.517	2.199	2.436	2.213
	Ⅱ	2.750	2.477	2.218	2.422	2.199
	Ⅲ	2.729	2.446	2.270	2.392	2.249
$\overline{GWP}$		2.620 1	2.562 7	2.415 7	2.420 2	2.177 6
±S		0.106 2	0.176 2	0.169 1	0.118 3	0.106 9

表 3-3　播期对武运粳 7 号单穗粒重(g)的影响

年度	重复	播期				
		ST_1	ST_2	ST_3	ST_4	ST_5
1997	Ⅰ	2.826	2.564	2.269	1.781	1.290
	Ⅱ	2.729	2.520	2.476	1.815	1.406
	Ⅲ	2.926	2.356	2.365	1.728	1.350
1998	Ⅰ	2.564	2.353	2.464	2.380	2.153
	Ⅱ	2.821	2.311	2.691	2.302	2.194
	Ⅲ	2.595	2.363	2.635	2.332	1.981
1999	Ⅰ	2.761	2.746	2.806	2.660	1.977
	Ⅱ	2.870	2.681	2.805	2.618	1.938
	Ⅲ	2.989	2.670	2.883	2.573	1.918
$\overline{GWP}$		2.786 8	2.507 1	2.599 3	2.243 2	1.800 8
±S		0.141 6	0.167 0	0.215 8	0.373 4	0.352 6

从表 3-1、表 3-2 和表 3-3 中可以看出，在品种相同的条件下，随着播期的推迟，GWP 有逐渐下降趋势，因各播期处理的每穗颖花数差异小，故 GWP 下降主要是由于结实率、千粒重降低导致籽粒充实度下降造成的[18]；不同品种条件下，品种生育期越长，其对播期处理反应越强烈，表现在 GWP 的极差率和变异系数(CV)均明显增大，GWP 的极差率(rate of maximum difference，RMD)可用下式计算：

$$\text{RMD} = \frac{2(\text{GWP}_{\max} - \text{GWP}_{\min})}{\text{GWP}_{\max} + \text{GWP}_{\min}} \times 100\% \qquad (12)$$

镇稻 88 的 RMD 为 34.88%，早丰 9 号为 36.13%，而武育粳 7 号的 RMD 高达 79.41%。这 3 个品种 GWP 的 CV 分别为 8.09，8.35 和 17.99。

3.3.3 单穗粒重漂移的界定结果

依据表 3-1、表 3-2、表 3-3 内有关数据，应用上述介绍的 SCD 界定的算术分析法(MAA)和统计分析法(MSA)，对播期影响水稻不同品种 GWP 性状漂移的作用进行界定，其结果见表 3-4。

表 3-4 水稻单穗粒重漂移的界定结果

播期间	镇稻 88		早丰 9 号		武运粳 7 号	
	MAA	MSA[1)]	MAA	MSA	MAA	MSA
ST_1—ST_2	FSCD	0.354 6	FSCD	0.837 7	NSCD	3.832 6**
ST_1—ST_3	FSCD	−0.575 9	NSCD	3.072 0**	NSCD	2.178 5*
ST_1—ST_4	NSCD	2.701 6*	NSCD	3.772 6**	SSCD	4.083 4***
ST_1—ST_5	NSCD	3.298 6**	SSCD	8.811 9***	SSCD	7.786 7***
ST_2—ST_3	FSCD	−0.876 8	FSCD	1.806 1	FSCD	−1.013 8
ST_2—ST_4	FSCD	1.748 2	SSCD	2.013 9	FSCD	1.935 4
ST_2—ST_5	NSCD	2.498 1*	SSCD	5.606 9***	SSCD	5.431 1***
ST_3—ST_4	SSCD	4.935 4***	FSCD	−0.006 2	NSCD	2.447 0*
ST_3—ST_5	SSCD	4.624 9***	NSCD	3.571 0**	SCD	5.794 5***
ST_4—ST_5	FSCD	1.492 2	SSCD	4.566 1***	NSCD	2.584 4*

注：1) $t^{*}_{0.05,16} = 2.120$，$t^{**}_{0.01,16} = 2.921$，$t^{***}_{0.001,16} = 4.015$

在表 3-4 中，所有 SCD 界定的标准均有出现，其中，镇稻 88 的 ST_4，ST_5 相对于 ST_3，其 GWP 达到了严重种性漂移标准或超极显著漂移标准。同样，早丰 9 号的 ST_5 相对于 ST_1、ST_2 和 ST_4，武运粳 7 号的 ST_5 相对于 ST_1、ST_2、ST_3 和 ST_4 相对 ST_1，其 GWP 变化也都达到了严重种性漂移标准或超极显著漂移标准。表 3-4 的界定结果还表明，水稻品种生育期愈长，受播期影响的 GWP 性状之漂移愈严重。

3.4 问题与讨论

3.4.1 关于种性漂移所具有的两面性

物种种性漂移具有两面性。在社会条件下,当种性漂移有利于人们实现对物种生产经营之经济目标的追求时,种性漂移是有益的;当种性漂移不利于人们实现对物种生产经营之经济目标的追求时,则种性漂移是有害的。在自然条件下,当种性漂移有利于物种个体生长发育和种群数量增多时,种性漂移是有益的;当种性漂移不利于物种个体生长发育和种群数量增多时,则种性漂移是有害的。例如白桦林被云杉林代替的过程[19,20],就是由于因光照变化导致的白桦向有害种性漂移和云杉向有益性漂移方向变化的结果。总之,物种种性漂移的两面性是生态适应的结果,如果生境变化超过了物种的适应能力,物种种性漂移就会走向极端,导致个体发育和群落发展失常、中止甚至消失。

3.4.2 关于种性漂移界定方法的使用

物种种性漂移的界定可以采用算术分析法,也可以采用统计分析法,两者是统一的。从对水稻单穗粒重性状漂移的界定结果看,算术分析法中的微弱种性漂移之标准,相当于统计分析法中的种性漂移不显著之标准;常态种性漂移之标准相当于种性漂移显著和极显著之标准;严重种性漂移之标准相当于种性漂移超极显著之标准。如同水稻一样[16],任何物种的性状对生境敏感性反应的多样性也取决于物种染色体基因组的复杂性,由于基因控制着性状表达,所以可在分析性状生境敏感性大小的基础上,应用种性漂移界定的方法,对物种特定性状因生境变化而产生的漂移做深入细致地研究。譬如,基因特性、基因对性状控制力大小及其弹性变化等功能基因学(functional genomics)研究，这对充分揭示、挖掘、研究、鉴定和利用物种丰富的基因资源具有十分重要的意义。

3.4.3 关于种性漂移应采取的对策

物种发生不可逆种性漂移多是有害的，常导致物种纯度降低，种性退化，种群减少，产量和品质均随之下降。所以，在物种繁殖和生产应用时，要尽可能避免机械学种性漂移和生物种性漂移的发生；要研究物种遗传学种性漂移的内在规律，注重物种繁育的提纯复壮，并不断修正物种生产的原有配套措施或研究相应的技术规程，以适应其生长发育。同时，在物种发生良性不可逆种性漂移时，要采取系统育种等方法，尽早发现、分离、固定和加快繁殖，以形成新的优良物种，服务于生产。针对物种具有可逆性种性漂移之特性，应充分利用一切现代技术手段，研究和分析不同性状发生漂移的规律，以及影响这些规律变化的气候因素和农艺措施的作用机理，综合运筹气候、农艺因子。扬物种种性漂移之长，避物种种性漂移之短，以获取最佳的生态、经济和社会效益。

3.4.4 关于种性漂移研究的科学意义

地球上不同的地带生长着不同类型的生物群落，它们的分布，决定于种群所在的生态环境和历史原因，但是气候和食源常在其中起着主导的作用。只要气候和食源发生变化，生物物种的种性漂移就会发生，生物群落就会发展、演变甚至被更替，如上述的白桦林被云杉林替代的事例。不仅生物群落如此，物种系统发育的过程，也是种性漂移的结果。物种的形成乃是一种由量变到质变的过程，它可概括为2种方式：①渐变式：即在一个长时间内由旧的物种逐渐变成为新的物种；②爆发式：即在短期内以飞跃形式从一种物种变成另一种物种。无论哪一种形式，都是种性发生了漂移造成的，有益的种性漂移使之兴旺发展，有害的种性漂移使之衰败消亡。我国珍稀物种大熊猫，可能是因为食源发生变化，从而使其育性发生有害漂移，导致其繁殖困难和繁殖系数低下，结果濒临绝种之灾。白垩纪恐龙灭绝，也可能是异常气候等引起食源变化，最终导致恐龙育性发生有害漂移造成的，其育性有害漂移主要表现为产蛋率、受精率、孵化率和幼龙存活率逐渐降低。总之，深入研究物种种漂移之现象，具有从个体、种群、群落到全球生态系统等多层面的重要的生态学、遗传学和农学等方面的意义。

参考文献

[1] 崔启斌，Lawson G. 一种新的种群增长数学模型——经典的 Logistic 方程的扩充[J]. 生态学报，1982，2(4)：403-415.

[2] 沈信毅. 季节性生物种群消长的数学模型探讨[J]. 生态学杂志，1987，6(1)：46-52.

[3] 韩博平，林鹏. 两种种群动态模型的比较研究[J]. 厦门大学学报(自然科学版)，1994，33(2)：253-258.

[4] 王夫玉，黄丕生. 生物单种群数量消长的基本动力学模型[J]. 甘肃科学学报，1996，8(1)：37-42.

[5] 王夫玉，黄丕生，段祥茂. 生物单种群消长 ABC 模型拟合与群体分类研究[J]. 甘肃科学学报，1996，8(2)：45-51.

[6] 王夫玉，黄丕生. 生物单种群群体调控的数理基础[J]. 甘肃科学学报，1997，9(1)：28-31.

[7] 王夫玉，黄丕生. 种群消长 ABC 模型的扩充、简化与拓展[J]. 甘肃科学学报，1997，9(3)：66-69.

[8] 王夫玉，黄丕生. 生物单种群数量消长的理论模型[J]. 甘肃科学学报，1998，10(1)：60-63.

[9] 王夫玉，黄丕生. 水稻群体茎蘖消长模型及群体分类研究[J]. 中国农业科学，1997，30(1)：57-64.

[10] Pearl R，Reed LJ. On the rate of growth of the population of the United States since 1870 and mathematical representation [J]. Proc Nat Acad Sci，1920(6)：275-288.

[11] Richards F J. A flexible growth function for empirical use[J]. Journal

of Experimental Botany, 1959,10(29):290-300.
[12] Holmes E E. Partial differential equation in ecology: spatial interaction and population dynamics[J]. Ecology, 1994,75(1):17-29.
[13] 王夫玉,黄丕生.水稻群体源库特征及高产栽培策略研究[J].中国农业科学,1997,30(5):26-33.
[14] 王夫玉,张洪程.农艺措施对水稻群体特征的影响[J].甘肃科学学报,2001,13(1):85-90.
[15] 王夫玉,张洪程,赵新华,等.株行距配比对水稻群体特征的影响[J].甘肃科学学报,2001,13(2):38-42.
[16] 王夫玉,张洪程,戴其根,等.水稻品种生境敏感性研究[J].中国农业科学,2001,34(1):35-39.
[17] 王夫玉.论水稻种性漂移及对策[J].中国稻米,2001,(3):39-40.
[18] 王夫玉,张洪程, 赵新华,等.温光对水稻籽粒充实度的影响[J].中国农业科学,2001,34(4):396-402.
[19] 李扬汉.植物学[M].上海:上海科学技术出版社,1978:295-299.
[20] 曲仲湘.植物生态学[M].北京:人民教育出版社,1980:226-230.

Specific Charactristic Drift in Species

Abstract: The specific characteristic drift(SCD) in species was defined, and the causes of formation on mechanical SCD (MSCD), biological SCD(BSCD), genctic SCD(GSCD), climatological SCD(CSCD) and agronomic SCD(ASCD) were analyzed. The methods of arithmetic analysia(MAA) and of statistical analysis(MSA) for delimiting SCD were given in this chaper, MAA and MSA were used for delimiting the characteristic drift of grain weight per panicle (GWP) which was influenced by seeding time in rice. Such problems as countermeasures against SCD were also discussed at the end of the chaper.

Key Words：species；specific characteristic drift（SCD）；cause of formation；delimitation of SCD；rice；grain weight per panicle；seeding time

第4章　物种机械学种性漂移

摘　要：本章提出了用于研究物种机械学种性漂移的基本原理，并以水稻早丰9号与双城糯的复合群体为例对之进行了验证。

关键词：物种；物种混杂；机械学种性漂移；水稻；复合群体；子群体；竞争参数

文献[1，2]提出了物种种性漂移(SCD)的概念，分析了SCD的成因，并给出了SCD的界定方法，在此基础上，又以生物信息论的观点，研究了发生SCD的生物信息论基础。在SCD中，虽然机械学种性漂移(MSCD)是最简单形式，但它却是生物发生遗传学种性漂移(GSCD)和生物学种性漂移(BSCD)的前提和基础，更是导致物种退化的主要原因之一。下述以水稻品种为例，通过精密定位试验，分析MSCD对生物种群特征的影响。

4.1　原理

4.1.1　基本概念

(1) 群落(community or colony)　分类差别在属级或属级以上的2个或2个以上物种在同一生态条件下所形成的个体群。

原载：《甘肃科学学报》，2004，16(1)：45-48

作者：王夫玉，陆建飞

收稿日期：2002-12-05

(2) 群体(population)　分类差别在属级以下的一个或一个以上物种在同一生态条件下形成的个体群。基因型相同的物种所形成的群体称单群体(single population)或纯群体(pure population),基因型不同的物种所形成的群体称复合群体(compound population)。

(3) 子群体(sub-population)　复合群体中某个物种所形成的个体群,又称分群体(branch population),是群体的一部分,类似地可定义子群落(sub-community)。

(4) 物种混杂(species compounding)　目标物种的群体中混进了非目标物种的个体,是引发 MSCD 的成因。

(5) 物种混杂类型(type of species compounding, TSC)　根据混杂物种间自然异交率(natural crossing percentage, NCP)的大小,将物种混杂进行分门别类。我们将物种混杂划分为 7 种类型(见表 4-1)。

表 4-1　物种混杂类型(TSC)

物种混杂类型	物种间自然异交率,%	以农作物为例
Ⅰ物种刚性混杂	NCP = 0 ~ 1	大豆、花生、大麦等
Ⅱ物种常刚性混杂	1 < NCP ≤ 10	小麦、水稻、豌豆等
Ⅲ物种偏刚性混杂	10 < NCP ≤ 30	棉花、蚕豆、甘蓝型油菜等
Ⅳ物种中性混杂	30 < NCP < 70	黑麦、高粱、向日葵等
Ⅴ物种偏柔性混杂	70 ≤ NCP < 90	白菜型自交不亲和油菜等
Ⅵ物种常柔性混杂	90 ≤ NCP < 99	玉米、蓖麻、甘薯等
Ⅶ物种柔性混杂	NCP = 99 ~ 100	大麻、菠菜、石刁柏等

(6) 物种刚性混杂(rigid compounding of species, RCS)　指 NCP 为零或近乎为零的物种混合。RCS 是生物发生 MSCD 的前提,就农作物而言,闭花授粉作物间混杂是典型的 RCS,自花授粉作物或通过时间生殖隔离的常异花授粉作物间之混杂也可以近似看作 RCS。

(7) 物种柔性混杂(pliant compounding of species, PCS)

它是与 RCS 相对的概念，是指 NCP 为 100％或近乎 100％的物种混杂。通常，雌雄异株作物间混杂是典型的 PCS，雌雄同株异花作物或雌雄同花但自交不亲和作物间之混杂也可以近似看作 PCS。

(8) 竞争(competition)　在复合群体演进过程中，子群体间呈非对称性(asymmetry)变化的现象。

(9) 竞争参数(competition parameter，CP)　它是指本代复合群体中某物种的子群体数量与剩余的数量比值除以上一代复合群体中该物种子群体数量与剩余群体数量比值所得的商。

4.1.2　群体特征

复合群体特征用群体特征指标(characteristic index of population，CIP)描述，它是由混杂物种相应性状指标复合而成，CIP 包括群体形态、解剖、生理、生态、生化、遗传等多种类型。设 CIP_{ij} 为复合群体中第 i 个子群体的第 j 个特征指标，N_i 为第 i 个子群体的个体数量，则复合群体第 j 个特征的指标值(CIP_j)为：

$$CIP_j = \frac{\sum N_i CIP_{ij}}{\sum N_i} \tag{1}$$

式中的 N_i 既可由实测得到，也可以用依试验数据确立的经验公式求得，通常情况，复合群体中的 N_i 遵循下列线性回归模型变化：

$$N_i = a_i + b_i M_i / M = a_i + b_i M_i / \sum M_i \tag{2}$$

式中：a_i 为回归截距，理论上应趋为零；b_i 为回归系数，反映物种繁殖能力；M_i 为复合群体的上一代群体中第 i 个物种所形成的子群体的个体数量，M 为上一代复合群体的种群数量，将式(2)代入式(1)得：

$$CIP_j = \frac{\sum CIP_{ij}(a_i + b_i M_i / M)}{\sum (a_i + b_i M_i / M)} = \frac{M \sum a_i CIP_{ij} + \sum b_i M_i CIP_{ij}}{M \sum a_i + \sum b_i M_i} \tag{3}$$

当复合群体数量较大、子群体个数较多时，因 $M\sum a_i CIP_{ij} \to 0$，$M\sum a_i \to 0$，故式(3)可简化为：

$$CIP_j \approx \frac{\sum b_i M_i CIP_{ij}}{\sum b_i M_i} \tag{4}$$

式(4)表明：复合群体特征主要决定于子群体的相对大小及其相应的群体特征。复合群体世代间群体特征的变化过程就是物种发生了 MSCD。

4.1.3 物种竞争

由数种物种混杂形成的复合群体，其群体特征受物种竞争影响而变化，物种竞争表现在 2 个方面：一是物种的性状指标发生变化即种性漂移；二是子群体间的数量发生非对称性变化。物种性状指标的变化可用一定的方法进行界定[2]，子群体的数量(N_i)变化亦可通过式(2)进行测算。

不同的物种在复合群体中具有不同的竞争力，竞争力的大小可以用竞争参数(CP)表示，复合群体中第 i 个物种的 CP_i 可以用下式计算：

$$CP_i = \left(\frac{N_i}{N-N_i}\right) \Big/ \left(\frac{M_i}{M-M_i}\right) \tag{5}$$

式中：N 为本代复合群体的种群体数量。CP_i 也可以用由试验数据确立的经验公式确定，其模型如下：

$$N_i/(N-N_i) = p_i + q_i M_i/(M-M_i) \tag{6}$$

式中的 q_i 即 CP_i，当 P_i 接近零时，式(6)即为式(5)。在式(5)、式(6)中，当 $CP_i > 1$ 时，示该物种竞争力大于混合群体竞争力的平均数，表明该物种竞争力大，处于竞争优势，子群体数将呈逐代增加趋势；$CP_i = 1$ 或接近 1 时，示该物种竞争力为混合群体竞争力的平均数,竞争力一般,子群体数量将相当稳定;当 $CP_i < 1$ 时,示该物种竞争力小于混合群体竞争力的平均数,表明该物种竞争力小,处于竞争劣势,子群体数量将逐代缩减。

生物复合群体数量(N)为复合群体中各混合物种所形成的子群体数量(N_i)之和,其变化模型可由式(2)导出:

$$N = \sum N_i = \sum a_i + \sum b_i M_i / M \tag{7}$$

式(7)表明,复合群体的数量与各物种所占上一代群体中的份额及其竞争能力密切相关。

4.2　示例

4.2.1　材料与方法

(1) 供试地点　试验于 2001—2002 年在东海县平明稻麦良种场进行,供试土壤为砂姜黑土,前茬作物均为小麦,土壤基础肥力是:有机质含量为 1.54%,全氮 0.10%,土壤速效 N、P 和 K 含量分别为 86、6 和 106 mg/kg。

(2) 供试品种　供试品种为本地当家品种早丰 9 号和双城糯,均为中稻偏迟熟品种,生育期均为 153 d 左右,前者穗型中等,成熟时籽粒呈金黄色,后者为偏大穗型品种,成熟时籽粒呈砖红色。

(3) 试验设计　试验将两个品种以一定比例精确混合栽插,密度均为 27.75 万穴/hm^2,栽插规格为 19 cm × 19 cm,均选带 2 蘖植株单本栽插,秧龄 35 d。试验共 7 个处理:A. 全栽早丰 9 号;B. 早丰 9 号密度占 8/9,双城糯占 1/9,定位栽插方式是每 2 行早丰 9 号夹 1 行混合行,混合行是每 2 穴早丰 9 号间 1 穴双城糯;C. 早丰 9 号占 3/4,双城糯占 1/4,定位方式是 1 行早丰 9 号夹 1 行混合行,混合行是早丰 9 号、双城糯间穴栽插;D. 早丰 9 号与双城糯各占 1/2,定位方式是早丰 9 号与双城糯间穴栽插;E. 早丰 9 号占 1/4,双城糯占 3/4,定位方式类似 C 处理;F. 早丰 9 号占 1/9,双城糯占 8/9,定位方式类似 B 处理;G. 全栽双城糯。小区面积 6 m^2 (2 m×3 m),试验重复 3 次(Ⅰ,Ⅱ,Ⅲ),小区随机区组排列,田间管理措施按高产田栽培标准进行运筹。

(4) 测定项目　供试品种在 10 月中旬成熟后,普查每穴成穗数,然后取样考查穗粒结构、株高和测定千粒重等,产量以理论产量计。

表 4-2　早丰 9 号、双城糯复合群体的结实粒数(×10^6 grain/hm^2)

处理	品种	比例 M_i/M	2001 年			2002 年			平均 N_i	合计 N
			Ⅰ	Ⅱ	Ⅲ	Ⅰ	Ⅱ	Ⅲ		
A	早丰 9 号	1	502.86	539.22	447.54	409.48	437.84	352.51	448.24	448.24
B	早丰 9 号	8/9	419.65	401.99	483.84	338.70	290.81	301.33	372.72	428.75
	双城糯	1/9	56.34	76.82	70.85	49.66	37.63	44.88	56.03	—
C	早丰 9 号	3/4	284.08	269.71	335.16	271.12	267.55	266.53	282.36	410.01
	双城糯	1/4	155.97	159.04	158.02	115.22	85.08	92.52	127.65	—
D	早丰 9 号	1/2	223.28	208.82	206.33	151.81	178.57	199.52	194.72	459.96
	双城糯	1/2	321.21	314.25	287.50	222.29	258.06	188.14	265.24	—
E	早丰 9 号	1/4	85.74	74.49	86.13	86.74	79.20	78.02	81.72	446.04
	双城糯	3/4	422.51	444.26	438.73	310.13	266.39	303.70	364.29	—
F	早丰 9 号	1/9	32.67	46.43	24.05	33.16	33.51	31.40	33.53	441.68
	双城糯	8/9	481.76	517.49	439.82	328.60	349.38	331.82	408.15	—
G	早丰 9 号	1	437.28	499.83	536.08	381.81	357.06	376.13	431.37	431.37

4.2.2　结果与分析

(1) 品种差异

早丰 9 号与双城糯除了籽粒颜色有明显差异外,株高、穗型与产量水平也存在差异。据 2 年试验的 A、G 处理数据计算:在株高方面,早丰 9 号为 98.38±2.41 cm,双城糯为 108.54±3.09

cm，后者比前者高出 10.33%，成对数据比较，双城糯较显著高于早丰 9 号，其 $t=3.90^{(*)}$ ($df=2$)；在穗型方面，早丰 9 号每穗颖花量为 129.23±13.93 朵，双城糯为 162.50±29.66 朵，后者比前者多 33.27 朵，多出 25.74%，成对数据比较，双城糯显著高于早丰 9 号，其 $t=3.73^{*}$ ($df=5$)；在产量方面，早丰 9 号为 11.28±1.12 t/hm^2，双城糯为 9.28±0.95 t/hm^2，前者较后者高 2.00 t/hm^2，高出 21.55%，成对数据比较，早丰 9 号产量显著高于双城糯，其 $t=3.86^{*}$ ($df=5$)。

(2) 群体粒数

水稻籽粒可分为空秕粒和实粒，实粒即可在下一代成苗的种子，由于空秕粒为无效粒，不能成苗，不计作群体粒数。根据试验不同处理的群体构成及其穗粒结构，算得试验各处理的群体粒数——实粒数汇于表 4-2。

(3) 结论

① 计算 CIP_j：据表 4-2 有关数据和式(2)，既可以算出本代复合水稻群体中子群体数量——品种栽插的密度比例×密度(万穴/hm^2)×株数/穴(见试验设计)，计算本代复合群体的某项特征指标；也可以拟合出 2 年水稻不同品种在下一代复合水稻群体中的子群体数量：

早丰 9 号：

$$N_1 = -17.0748 + 437.9496 M_1/M,\quad (r = 0.9943^{**},\ df = 5) \tag{8}$$

双城糯：

$$N_2 = 14.1128 + 443.9830 M_2/M,\quad (r = 0.9943^{**},\ df = 5) \tag{9}$$

根据式(3)、(8)、(9) 及 $M_1 = M - M_2$，可以获得早丰 9 号、双成糯复合群体下一代的 CIP，其变化模型——以株高(plant height, ph)为例：

$$
\begin{aligned}
CIP_{ph} &= (N_1 ph_1 + N_2 ph_2)(N_1 + N_2)^{-1} \\
&= (48\,041.899\,3M - 5\,104.433\,1M_1) \\
&\quad (441.021\,0M - 6.033\,4M_1)^{-1}
\end{aligned}
\tag{10}
$$

根据式(10)，当 $M_1 = 0$ 时，$CIP_{ph} = 108.93$ cm，即双城糯株高(108.54 cm)；当 $M_1 = M$ 时，$CIP_{ph} = 98.71$ cm，即早丰 9 号株高(98.38 cm)。

② 计算 CP：根据表 4-2 内有关数据、式(6) 和 $M_2 = M - M_1$ 及 $N_2 = N - N_1$，可以估算出早丰 9 号和双城糯在复合群体中的 CP。通过表 4-2 内相关数据拟合得：

早丰 9 号：

$$
N_1/N_2 = -0.100\,6 + 0.835\,4M_1/M_2,\quad (r = 0.999\,2^{**},\ df = 3) \tag{11}
$$

双城糯：

$$
N_2/N_1 = -0.095\,2 + 1.530\,8M_2/M_1,\quad (r = 0.999\,9^{**},\ df = 3) \tag{12}
$$

由式(11)(12)可知，早丰 9 号的 $CP_1 = 0.835\,4 < 1$ 表明其在复合群体中处于竞争劣势；双城糯的 $CP_2 = 1.530\,8 > 1$，表明其在复合群体中处于竞争优势。究其原因，双城糯株高、穗型显著大于早丰 9 号可能是其主要原因。

③ 复合群体数量变化模型　根据式(7)、(8)、(9)，可以确立早丰 9 号与双城糯的复合群体数量变化模型：

$$
\begin{aligned}
N &= N_1 + N_2 \\
&= -2.962\,0 + 437.949\,6M_1/M + 443.983\,0M_2/M
\end{aligned}
\tag{13}
$$

式(13)表明，在复合群体中每增加 0.1 个单位密度比例，早丰 9 号下一代群体个数就增加 43.8 个单位，双城糯增加 44.4 个单位。即在竞争条件下，双城糯单位密度群体繁殖后代的能力要略强于早丰 9 号，尽管对照(A、G)早丰 9 号单位面积总粒数要高于双城糯(见表4-2),前者比后者高3.91%。

4.3 讨论

物种SCD包括MSCD、BSCD、GSCD、CSCD和ASCD[2],分属生物科学、生态科学或农业科学研究范畴,就物种不可逆种性漂移(ISCD)[2]而言,群落条件下的物种混杂是属MSCD,而群体条件下的物种混杂既可以属MSCD,也可以属BSCD或GSCD,只有在物种发生刚性混杂后,才可看作MSCD,物种发生MSCD后,其群体质量特征由参与混杂的物种质量特征及其数量指标共同决定;混杂物种形成的子群体或子群落之数量变化取决该物种在混合群体(落)中的数量及其竞争力,竞争力最大的物种将主宰混合群体(落)演替的最终取向,竞争力小的物种将逐渐趋于淘汰,竞争力越小的物种淘汰越快;混合群体(落)的种群数量消长及子群体(落)数量消失同样也遵循一定模式变化,如ABC模型[4~7]等。在地球生物纵向和横向进化方向,MSCD是物种更替的重要力量。人为不恰当地引种所导致的MSCD和CSCD,小则引起农作物品种退化,极早丧失其商品性,造成重大的经济损失;大则导致生物入侵[8],生物入侵不仅对生境质量、生态系统结构与功能造成极大改变,从而对生物多样性构成严重威胁[9,10],甚至严重影响一个地区的经济发展和人民的生活健康,这方面的事实已不乏其例,如我国华东地区的水葫芦、中南地区的紫茎泽兰等,都是人们有意或无意引入我国境内的,已构成了严重的生物入侵事件。

参考文献:

[1] 王夫玉.论水稻种性漂移及对策[J].中国稻米,2001(3):39-40.

[2] 王夫玉.物种种性漂移研究[J].甘肃科学学报,2002,14(3):62-69.

[3] 王夫玉.物种种性漂移的生物信息论基础[J].甘肃科学学报,2003,15

(1):43-48.
[4] 王夫玉,黄丕生. 生物单种群数量消长的基本动力学模型[J]. 甘肃科学学报,1996,8(1):37-42.
[5] 王夫玉,黄丕生,段祥茂. 生物单种群消长 ABC 模型拟合与群体分类研究[J]. 甘肃科学学报,1996,8(2):45-51.
[6] 王夫玉,黄丕生. 生物单种群群体调控的数理基础[J]. 甘肃科学学报,1997,9(1):28-31.
[7] 王夫玉,黄丕生. 水稻群体茎蘖消长模型及群体分类研究[J]. 中国农业科学,1997,30(1):57-64.
[8] Elton C. The Ecololgy of Invasions by Plant and Amimal[M]. London: Chapwan and Hall, 1958.
[9] Higgins S I, Richardson D M, Cowling R M. Using a Dynamic Landscape Model for Planting the Management of Alien Plant Invasions[J]. Ecological Applications, 2000(10):1833-1848,
[10] 张林艳,万叶辉. 群落可侵入性及其影响因素[J]. 植物生态学报,2002,26(1):109-114.

Mechanical Specific Characteristic Drift in Species

Abstract: The basic principle for studying on mechanical specific characteristic drift(MSCD) was given in this chaper, and it was tested and verified by the compound population mixed with zaofeng 9 and shuangchengnou in rice.

Key Words: species; species compounding; MSCD; rice; compound population; sub-population; competition parameter

第5章 生物信息论

摘　要: 本章提出了生物信息论——以数字化技术研究和描述生物遗传信息的结构、变化、传递和表达成生物性状全过程的科学,建立了生物信息的结构、变化、传递和表达模型,定义了用于生物信息论研究的若干概念,分析了物种种性漂移的生物信息论之基础。

关键词: 生物物种;种性漂移;生物信息;生物信息学;生物信息论

生物物种的遗传物质包含了该物种构建其群、个体性状的全部信息,这些信息要表达成物种具体的群、个体性状,需要一个复杂的遗传和生理生化过程。为区别于生物信息学(bioinformatics)[1,2]——对基因组(genome)、蛋白质组(proteome)研究相关生物信息的获取、加工、储存、分配、分析和解释的科学,本文把以数字化技术为手段、从分子水平上分析和描述生物遗传信息自身的结构、变化以及通过转录、翻译而表达成生物性状全过程的科学称为生物信息论(biological information theory, bioinfortheory, BIT),或广义生物信息学(generalized bioinformatics)。从生物信息论角度看,物种种性漂移(specific characteristic drift, SCD)[3,4]是生物遗传信息在其传递和表达过程中出现异化或信息失真的结果,深入研

原载:《甘肃科学学报》,2003,15(1):43-48

作者:王夫玉

收稿日期:2002-03-11

究物种的种性漂移，对于研究小到功能基因组学、大到全球生物演化都具有重要的意义。为此，拟在初步构建生物分子信息论框架的前提下，探讨物种发生种性漂移的生物信息论基础。

5.1 生物信息的编码及其度量层面

不同生物物种具有不同的生物遗传信息，生物遗传信息的多少用生物信息量来度量。为了从不同层面度量生物信息量的大小，现定义以下几个生物信息论概念。

5.1.1 生物信息节(BIB)

作为生物物种遗传信息的载体——核酸分子，是核苷酸的多聚体，其构成单元是核苷酸，每个核苷酸均包括五碳糖、磷酸和环状含氮碱基三部分，脱氧核糖核酸（DNA）含有的碱基是腺嘌呤（A）、胞嘧啶（C）、鸟嘌呤（G）和胸腺嘧啶（T），核糖核酸（RNA）含有的碱基是 A、C、G 和尿嘧啶（U）。用 A、C、G 和 T 分别代表 DNA 分子上的脱氧腺嘌呤核苷酸、脱氧胞嘧啶核苷酸、脱氧鸟嘌呤核苷酸和脱氧胸腺嘧啶核苷酸，用 A、C、G 和 U 分别代表 RNA 分子上的腺嘌呤核苷酸、胸嘧啶核苷酸、鸟嘌呤核苷酸和尿嘧啶核苷酸，并将 A、C、G、T 和 U 称为生物信息节（biological information byte，BIB），每个 BIB 即相当遗传学中的一个遗传密码（genetic code），是构成生物信息的最小单位，如嗜血流感杆菌基因组有 1.8×10^6 BIB，人类的基因组约有 3.2×10^9 BIB[2]。

5.1.2 生物信息码(BIC)

定义 DNA、RNA 分子上一组用于决定一个氨基酸（amino acid，AA）的相邻信息节为生物信息码（biological information code，BIC），每个 BIC 都对应于蛋白质（protein，P）合成中的一个 AA 分子。遗传学研究早已（1964）证明[5]，每 3 个碱基决定一种

AA,或每个特定 AA 是由一个或一个以上的三联体密码(triplet code)所决定,3 个碱基的密码子(codon)共有 64 种,用于决定 P 合成所需的 AA 种类。因此,每个 BIC 即相当遗传学中的一个碱基三联体,是生物信息翻译的最小单位。

有关遗传密码最新研究表明[6]:BIC 中的第 1 位 BIB 与 AA 合成途径相对应,其中 BIC 中的 GXX、UXX、AXX 和 CXX 分别对应初生 AA 族(A、D、E、G、S、V)、3C 衍生族(C、F、L、W、Y)、4C 衍生族(I、K、M、N、T)和 5C 衍生族(H、P、Q、R),6 度简并 BIC 不服从上述规律;BIC 中的第 2 位 BIB 与 AA 的亲疏水性相关联,按照 Doolittle 疏水标度对 AA 按疏水性从小到大进行排列,容易发现 BIC 中 XUX 是最疏水的 AA(M、F、L、V、I),XAX 是最亲水的 AA(K、D、E、N、Q、H、Y)、XGX、XCX 则是极性 AA(S、T、G、P、C、W、A),只有精氨酸(R)例外,其 BIC 为 CGX。

5.1.3 生物信息组(BIG)

决定蛋白质(P)分子多肽(polypeptide, PP)链上全部 AA 序列的一组 BIC 称为生物信息组(团)(biological information group, BIG),包括合成 PP 分子的启动 BIC 和终止 BIC。在 DNA 的 BIC 序列决定 AA 序列的过程中,包括 BIC 的转录和翻译两个步骤,前者形成 RNA,后者形成 PP 链并进一步折叠成 P 分子。一个 mRNA 即一个 BIG;一个 mRNA 所对应的 DNA 片断即遗传学上的基因,也是一个 BIG, BIG 决定 PP 长短。因此,一个 BIG 就是一条生物信息,BIG 是度量生物信息量的基本信息单位。

5.1.4 生物信息集(BIS)

生物物种整套 DNA 所包含的 BIG 之和称为生物信息集(合)(BIS)。生物物种的生物信息集(biological information set, BIS)与该物种的生物性状集(specific characteristic set, SCS)存在下列映射(mapping)关系：

$$\mathrm{BIS}\{\mathrm{BIG}_1, \mathrm{BIG}_2, \cdots, \mathrm{BIG}_i, \cdots\} \xrightarrow{\text{mapping}} \mathrm{SCS}\{\mathrm{C}_1, \mathrm{C}_2, \cdots, \mathrm{C}_i, \cdots\} \tag{1}$$

式(1)中，C_i 为该物种第 i 个 BIG 所对应的第 i 个性状。由于不同生物物种整套 DNA 数量有多有少和 DNA 上 BIG 密度有高有低。所以，不同生物物种的生物信息集有大有小。如大肠杆菌的 T_2 噬菌体，每套只有一条 DNA 分子，其 BIS 小，而人类则有 24 条 DNA 分子，则其 BIS 大。

研究发现[2]，生物的基因组(genome)中 BIG 即基因及其间隔序列各占一定比例。换言之，DNA 上有“荒原”，即不编码蛋白质的区域，这些区域的所有 BIB 之和可称为冗余生物信息(redundant biological information, RBI)，RBI 可能是该物种自身或外来物种楔入(wedging)的永久性或暂时性失去编码功能的 DNA 片断。因此，若统一用 BIB 作单位进行度量，则有：

$$\sum \mathrm{DNA} = \sum \mathrm{BIG} + \mathrm{RBI} = \mathrm{BIS} + \mathrm{RBI} \tag{2}$$

其中：

$$\mathrm{BIS} = \sum \mathrm{BIG} = \sum \sum \mathrm{BIC} \tag{3}$$

根据式(2)、(3)可以定义生物信息冗余度(biological information redundency, BIR)：

$$\mathrm{BIR} = 1 - \frac{\mathrm{BIS}}{\sum \mathrm{DNA}} = \frac{\mathrm{RBI}}{\mathrm{BIS} + \mathrm{RBI}} \tag{4}$$

即冗余生物信息所含 BIB 量占生物物种整套 DNA 所含 BIB 量的比值。冗余生物信息并非无用生物信息，其 RBI 的多少和 BIR 的大小可能与生物的生长、发育及系统进化相关联，具有更深层次的生物学意义。

5.2　生物信息的传递、表达及有关概念

5.2.1　生物信息的变化、传递及表达模型

生物信息的变化是物种遗传信息的增减。生物信息的传递有 3 条途径：第 1 条是世代间的传递，称为Ⅰ途径，它是通过亲代将遗传物质（DNA，RNA）传递给子代来实现的，是一级传递，用于延续生物世代；第 2 条是细胞间的传递，称为Ⅱ途径，它是通过细胞分裂方式来实现的，是二级传递，用于物种个体的生长发育；第 3 条是细胞内的传递，称为Ⅲ途径，它是通过生物信息的转录、翻译和生化反应来实现的，是三级传递，用于体现生物细胞的组织功能。

转录（transcription）就是以 DNA 双链之一的 BIB 为模板，把 BIB 以互补的方式转录到信使核糖核酸（mRNA）上；翻译（translation）就是 mRNA 携带着转录的 BIB 附着在核糖体上，把由转移核糖核酸（tRNA）运来的各种 AA，按照 mRNA 的信息码顺序，相互连接起来成为 PP 链，并进一步折叠成为立体 P 分子；表达（expression）就是 P 组入到细胞的不同结构中而直接表现出某些性状，或由 P 形成酶（enzymes，E）催化细胞内生理生化反应而促使某些性状的产生。上述生物信息在分子水平上的传递过程可用图 5-1 表示：

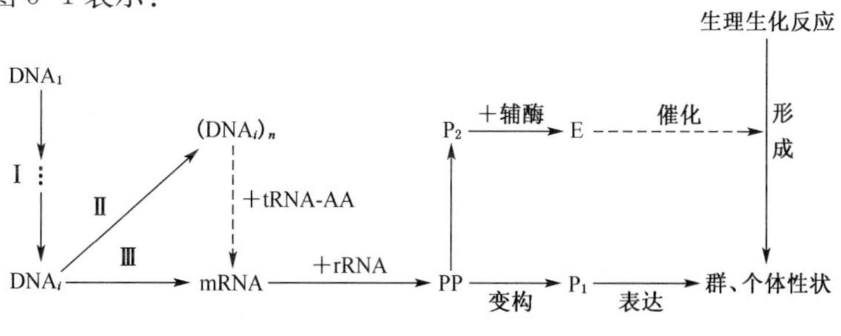

图 5-1　生物信息结构、变化、传递和表达的模型

5.2.2 生物信息论的有关概念及定义

从信息论角度看，所有生物的 DNA 等遗传物质是生物信息资源(biological information resources)；每种生物的 DNA 等遗传物质则是该物种的生物信息源(biological information sources)，它是生物物种的信息载体(information carrier)；群、个体性状是生物信息宿(biological information goal)，它是生物信息源表达的结果；生物信息源在生物世代间(Ⅰ)、同代个体细胞内外(Ⅱ、Ⅲ)的传递则称为生物信息流(biological information flow)或称生物信息传递(biological information transmission)，生物信息流有纵向流动(Ⅰ)和横向流动(Ⅱ、Ⅲ)之分，其中在横向流动中，Ⅱ为生物信息扩散，体现在生物信息数量的指数增长，Ⅲ为生物信息表达，体现在生物信息质量的具体现实化。此外，依据前文叙述，还可定义以下概念：

(1) 生物信息量(biological information content)

生物物种整套 DNA 上所包含可表达成生物性状的 BIG 数量。人类的生物信息量约 $3\sim4\times10^4$ BIG[2]。

(2) 生物信息长度(biological information length)

每条生物信息中所含 BIB 的数量，单位为 BIB/BIG。如人类生物信息的平均长度约为 10^5 BIB/BIG。生物信息长度分摊了冗余生物信息，如不分摊，则称生物信息净长度(effective length of biologlical informafion)。

(3) 生物信息密度(biological information density)

每 10^6 个 BIB(a million BIB, MBIB)所组成 BIG 的数量，与生物信息长度有倒数关系，单位为 BIG/MBIB。人类的生物信息平均密度约为 10 BIG/MBIB。

(4) 生物信息系统(biological information system)

生物信息在世代间至细胞内外传递和表达的集合。生物信息系统能控制自身的信息流程并产生新的信息。

(5) 生物信息的控制(control of biological information)

按照特定的目标和给定的条件,通过较小质量的物质及较小数量的能量之巧妙运用,去引导和调节巨大质量的物质运动和巨大数量的能量转换,使生物信息系统处于期望的最佳运转状态。

(6) 生物信息的反馈(feedback of biological information)

生物信息在传递和表达过程中所形成的中间体反过来对生物信息传递和表达所产生的影响。分正反馈和负反馈,前者会导致生物信息系统的不稳定性,产生周期性波动,后者则能增加生物信息系统的稳定性。

(7) 生物信息的重复(repeat of biological information)

相同的生物信息不仅在世代间、同代个体间表达相同性状,而且在条件满足的情况下,于同一个体上可重复表达该性状。

(8) 生物信息失真(biological information distortion)

生物信息传递、表达结果与原信息期望目标性状之间出现的变化或偏差。

(9) 生物信息的噪声(noise of biological information)

影响生物信息传递和表达正常运行的各种扰动。就生物信息系统而言,噪声可分为系统内噪声和系统外噪声,前者包括系统运行的中间体、产物及副产物,后者则又分为自然噪声、生物噪声和人为噪声,自然噪声主要包括生物生存空间内的光、温、水、气、磁、电、场、压等自然、宇宙因素,生物噪声主要是同种或非同种生物因生存需要而产生的正反两方面影响,而人为噪声则主要是指人类的活动及其所使用的措施。噪声是生物信息失真的根源,是生物种性发生漂移的致因。

5.3 种性漂移的生物信息论基础

根据上述分析,可以认定,生物物种的种性漂移(SCD)实际上就是生物信息在噪声的作用下产生失真的结果。现就不同类型

SCD[3,4]的生物信息论基础作简要阐明。

5.3.1 关于机械学种性漂移(MSCD)

MSCD是混合群体中生物信息在世代间进行机械性的非对称传递(asymmetrical transmission)造成的,属Ⅰ型生物信息传递,是可遗传的,式示如下:

$$\mathrm{BIS}_i = \sum \mathrm{BIS}_{ij} \tag{5}$$

式(5)中,i为世代数,j为混合群体的第j个物种,BIS_i为群体第i世代的生物信息集,BIS_{ij}为群体中第j个生物信息子集,$\sum$示因生物物种混合而产生的群体生物信息的累加效应。

5.3.2 关于生物学种性漂移(BSCD)

BSCD是物种间生物信息在世代间进行交互传递(mutual transmission)造成的,属Ⅰ型生物信息传递,是可遗传的。式示如下:

$$\mathrm{BIS}_i = \Pi \mathrm{BIS}_{ij} \tag{6}$$

Π示因生物物种杂交而产生的生物信息的交互效应,MSCD是生物发生BSCD的前提和基础。

5.3.3 关于遗传学种性漂移(GSCD)

GSCD是单个物种生物信息在世代间传递时因遗传物种DNA出现交换、缺失、插入、倒位、加倍等原因而产生变化,属Ⅰ型生物信息传递,这种变化可以是发生在生物信息节(BIB)水平上的变化,也可以是发生在生物信息码(BIC)、生物信息组(BIG)水平上的变化,抑或是发生在生物信息源水平上的变化,均是可遗传的。

5.3.4 关于气候学种性漂移(CSCD)

气候因素包括温、光、降水、风和宇宙射线、电磁波等,这些因素对生物信息传递和表达产生影响而导致 CSCD 的发生,这种影响主要是在世代内发生,且是全方位的,包括Ⅱ、Ⅲ型生物信息传递。气候因素对 SCD 的影响大小均可用具体指标对之度量,例如,温度对生物信息传递和表达过程中具体环节或反应的影响大小,可用温度系数(Q_{10})来反映等。

5.3.5 关于农艺学种性漂移(ASCD)

农艺措施,包括土壤、肥料、饲料、水浆、种植、密度、保护、管理及不同物种等物理、化学、生物因素,对生物信息传递和表达产生影响而导致 ASCD 的发生,这类影响也是主要在世代内发生,是全方位的,包括Ⅱ、Ⅲ型生物信息传递,尤其是Ⅲ型生物信息传递,影响的中心是生理化反应过程。从生物信息论角度看,CSCD 成因与 ASCD 成因的区别在于:前者生物信息系统在自然噪声作用下产生的生物信息失真,噪声的主体是能量;后者是生物信息系统在生物、人为噪声作用下产生的生物信息失真,噪声的主体是物质。自然条件下,系统外三种噪声对生物信息传递和表达的影响往往是同时发生和综合作用的。

5.4 讨论

生物信息论(广义生物信息学)是以分子生物学为基础、以数字化技术为手段、从分子水平上研究和描述生物信息的结构、变化、传递和表达成生物性状全过程的科学,涉及生物、数学、物理、化学、计算机科学和信息论等多个领域,包括生物信息学、分子遗传学和生理生化、器官构建等学科,其中生物信息学是一门对核酸和蛋白质序列测定的已有数据进行研究和理解的学科,目前,研究重点是基因组学(Genomics)和蛋白组学(Proteomics),未来将逐步转向功能基因组学(Functional Genomics)研究[2,7],数据库是其主要内容[1]。生物信息论为组织培养的定向控制等生物工程奠定了理论基础,描绘了广阔前景。种性漂移是生物物种群、个体性状特征因自身遗传基础或生态环境因子变化而改变的现象,从生物信息论角度看,种性漂移则是生物信息在其传递和表达过程中受噪声作用而产生失真的结果。物种发生种性漂移,表明生物遗传基因对性状的决定具有不确定性,换言之,基因对性状控制能力有大小之分,具有弹性变化,反映出生物对生境的适应能力。研究生物物种的种性漂移,不仅是功能基因组学研究的前提和基础,更是生物生长发育和进化演替研究的重要内容。

参考文献:

[1] Andreas D. Baxevanis, B F. Francis Ouellette. Bioinformatics: A Practical Guide to the Analysis of Genes and Proteins[M]. John Willey & Sons, Inc, 1998.

[2] 陈润生. 生物信息学——基因组研究的有力工具[J]. 中华生物信息, 2001-11-19.

[3] 王夫玉. 论水稻种性漂移及对策[J]. 中国稻米,2001(3):39-40.

[4] 王夫玉. 物种种性漂移研究[J]. 甘肃科学学报,2002,14(3):62-69.

[5] 浙江农业大学. 遗传学[M]. 北京:农业出版社,1979:154-182.

[6] 张文. 遗传密码中的规律[J]. 中华生物信息,2001-01-08.

[7] Enoki H, Lzawa T, Kawahara M, et al. Ac as a tool for the functional genomics of rice[J]. Plant Journal, 1999,19(5):605-613.

Biological Information Theory

Abstract: The biological information theory (bioinfortheory, BIT) was given for studying and describing the construction of genetic information and the whole process of changing, transmitting and expressing to biological characteristics on genetic information with digital technique. The model of the process was established and fundamental concepts were defined for studying on BIT. The specific characteristic drift was analysed in accordance with BIT.

Key Words: species; specific characteristic drift; biological information; bioinformatics; biological information theory (BIT)

第6章　生物信息组(基因)弹性

摘　要: 本章以生物信息论的观点研究了生物信息组弹性即基因弹性,定义了基因弹性等概念,提出了基因弹性系数表达与测定方法,并用水稻穗部性状受播期影响而获得的试验结果进行了演示。

关键词: 种性漂移; 基因弹性; 弹性系数; 水稻; 每穗颖花数; 每穗实粒数; 千粒重

种性漂移(specific characteristic drift, SCD)是生物群、个体数量或质量性状特征因自身遗传基础或生态环境因素变化而改变的现象[1~4],其实质是生物信息在其传递和表达过程中因受噪声影响而出现异化或信息失真的结果[3,5]。在自然界中,生物种性漂移的程度是不一致的,这取决于2个方面,一是自然环境噪声,另一是生物信息基础。生物信息对噪声敏感,则SCD程度大,反之则小,如水稻的生境敏感性和单穗粒重性状漂移等[6,7,2]。由于生物物种之性状是由基因即生物信息组(BIG)控制的[3],故性状发生SCD的程度最终取决于基因即BIG的结构和性质。为深入研究种性漂移与基因即BIG对性状控制力的关系,拟在前文概念讨论的基础上[2,3],重点探讨基因或BIG弹性(以下统称基因弹性)及其测定评判方法。

原载:《甘肃科学学报》,2005,17(3):58-61

作者:王夫玉

收稿日期:2004-11-04

6.1 原理

6.1.1 基本概念

(1) 基因弹性(gene elasticity)　基因对性状表达的控制程度。根据控制性状表达的基因的多少,又分单基因弹性(monogenic elasticity)和多基因弹性(polygenic elasticity)。

(2) 基因弹性系数(elastic constant of gene, ECG)　用于衡量基因对性状控制力大小的参数。根据测定方法的不同,又分为相对基因弹性系数(relative ECG, RECG)和绝对基因弹性系数(absolute ECG, AECG)。

(3) 物种抗逆性(specific resistancc)　物种及其性状对逆境的适应程度,是基因弹性的表征反映。

(4) 噪声极限(noise limit)　影响控制特定性状的基因无法表达时的特定噪声极限值。

6.1.2 基因弹性测定

任何生物物种,均有一组特定的指标对其性状特征进行描述和框定[1,2]。由于基因控制着性状变化,所以,可以根据性状变化的特征值来确定基因的弹性。经研究,可以采用 2 种方法对基因弹性进行科学测定,即绝对基因弹性测定和相对基因弹性测定。

(1) 绝对基因弹性测定　生物任何性状的变异均受着基因和环境因素即噪声影响,在遗传育种学上[8],通常采用一定数值表示出衡量遗传和环境影响对于表型总变异所引起的相对重要性,这个参数称遗传力(heritalility, H or h^2)或遗传决定度值(degree of genetic determination),其定义式为:

$$H=\frac{V_g}{V_p}\times 100\%=\frac{V_g}{V_g+V_e}\times 100\% \tag{1}$$

式中：V_p、V_g 和 V_e 分别表示表型总变异（方差）、遗传变异和环境变异。由式(1)可知，环境对表型总变异的影响值(E)应为：

$$E = 100\% - H = 1 - H \tag{2}$$

根据式(1)、(2)，现定义绝对基因弹性系数(AECG)为：

$$AECG = \frac{E}{H} = \frac{1-H}{H} = \frac{V_e}{V_g} \tag{3}$$

即绝对基因弹性系数可用生物物种的环境方差和遗传方差之比值来表示。

(2) 相对基因弹性测定　所有物种均可看作由若干性状指标(characteristic index, CI)组成的集合，受环境的影响，CI 发生变化，变化的大小可以用标准差(standard deviation, S or SD)表示，根据种性漂移界定算术分析法[2]，在一定环境条件下，可定义相对基因弹性系数(RECG)为：

$$RECG = \frac{SD}{\overline{CI}} = \sqrt{\frac{\sum (CI - \overline{CI})^2}{(n-1)\,\overline{CI}^2}} \tag{4}$$

在生物统计学上[9]，$\overline{CI}$ 是性状指标的算术平均值(arithmetic mean)，$\sum (CI - \overline{CI})^2$ 为离均差平方和，简称平方和(sum of squares, SS)，$(n-1)$ 为自由度(degree of freedom, df)。

6.1.3　基因弹性评判

为了比较不同物种间或相同物种不同性状间基因弹性的大小，有必要对基因弹性建立适度的评判标准。

(1) 绝对基因弹性评判　绝对基因弹性系数(AECG)的取值范围为$[0, +\infty]$，通过对式(3)进行自然对数转换，可得：

$$\ln AECG = \ln V_e - \ln V_g \tag{5}$$

因为 $\ln AECG$ 的理论取值范围为$(-\infty, +\infty)$，依之可以建立针对绝对基因弹性系数的基因弹性评判标准：$\ln AECG \in (-\infty,$

-10)，基因无弹性；$\ln AECG \in [-10, -1]$，基因有弱弹性；$\ln AECG \in [-1, 1]$，基因有常规弹性；$\ln AECG \in [1, 10]$，基因有强弹性；$\ln AECG \in [10, +\infty]$，基因有绝对弹性。随着 $\ln AECG$ 取值的增加，基因控制性状的弹性越大，越容易受噪声作用，生物抗性也越强。

(2) 相对基因弹性评判　相对基因弹性系数(RECG)的理论取值范围为$[0, +\infty]$，但常规条件下其取值区间为$[0, 1]$。据此，可以建立针对相对基因弹性系数的基因弹性评判标准：$RECG \in [0, 0.01]$，基因无弹性；$RECG \in [0.01, 0.50]$，基因有弱弹性；$RECG \in [0.50, 1.00]$，基因有强弹性；$RECG \in [1.0, +\infty]$，基因有超强弹性。利用相对基因弹性系数对基因弹性进行评判的前提，必须使被评判的物种或性状处于相同的条件下，即在相同的噪声作用下进行比较。否则，评判不真实。

6.2　示例

现依据偏迟熟水稻品种北移种植的有关播期试验资料[6,10,11]，以穗部性状包括每穗颖花量、结实粒数和千粒重等为指标，应用相对基因弹性测定法，对控制穗部性状的多基因弹性进行评判。

6.2.1　试验设计及实施概况

试验于 1997—1999 年在江苏省东海县农业科学研究所进行，土壤为腰黑黄土，前茬均为小麦。供试田块土壤基础肥力是：有机质含量为 1.270%，全氮(N)为 0.124%，速效氮(N)、磷(P)、钾(K)含量分别为 149.1，19.6 和 95.0 mg/kg。试验分品种和播期 2 个处理因素，供试品种为镇稻 88(中熟中粳)、早丰 9 号(晚熟中粳)和武运粳 7 号(原称 9522，早熟晚粳)，播期处理为 4 月 30 日(ST_1)、5 月 10 日(ST_2)、5 月 20 日(ST_3)、5 月 30 日(ST_4)和 6 月 9 日(ST_5)，10 d 间隔。试验裂区设计，品种为主区，播期为副区，小区面积为 12 m^2。试验重复 3 次,表 6-1、表 6-2、表 6-3 内数据均为 3 次重复的平均值。

表 6-1　播期对镇稻 88 穗部性状的影响

年　度	播　期	镇稻 88		
		颖花/穗	实粒/穗	千粒重,g
1997	ST_1	131.50	124.00	27.10
	ST_2	139.10	128.10	27.60
	ST_3	132.30	123.70	27.50
	ST_4	126.50	114.30	26.80
	ST_5	125.60	110.40	26.00
1998	ST_1	127.60	102.50	28.90
	ST_2	125.80	104.00	30.10
	ST_3	127.30	108.60	29.80
	ST_4	127.90	103.60	28.00
	ST_5	130.80	107.70	28.30
1999	ST_1	139.90	120.00	28.10
	ST_2	123.80	104.80	27.90
	ST_3	135.70	115.10	28.60
	ST_4	130.50	109.60	27.40
	ST_5	123.50	99.00	26.80
$\overline{CI}$		129.85	111.69	27.93
$\pm SD$		5.13	8.87	1.11
RECG		0.04	0.08	0.04

表 6-2　播期对早丰 9 号穗部性状的影响

年　度	播　期	早丰 9 号		
		颖花/穗	实粒/穗	千粒重,g
1997	ST_1	116.20	102.40	25.80
	ST_2	109.20	102.70	27.60
	ST_3	104.30	96.30	26.10
	ST_4	108.40	95.50	25.30
	ST_5	102.20	86.70	24.70

续表 6-2

年　度	播　期	早丰 9 号		
		颖花/穗	实粒/穗	千粒重,g
1998	ST_1	103.70	91.40	28.30
	ST_2	99.80	87.50	28.60
	ST_3	102.90	92.30	28.40
	ST_4	100.20	86.90	27.50
	ST_5	98.70	81.10	27.00
1999	ST_1	115.30	102.60	26.90
	ST_2	109.50	94.70	26.70
	ST_3	99.80	86.80	26.80
	ST_4	111.20	93.70	26.30
	ST_5	110.40	88.50	25.80
$\overline{CI}$		106.12	92.61	26.79
$\pm SD$		5.74	6.56	1.15
$RECG$		0.05	0.07	0.04

表 6-3　播期对武运粳 7 号穗部性状的影响

年　度	播　期	武运粳 7 号		
		颖花/穗	实粒/穗	千粒重,g
1997	ST_1	128.80	110.20	25.60
	ST_2	123.50	96.20	25.20
	ST_3	120.50	90.80	25.00
	ST_4	112.80	68.50	24.30
	ST_5	105.50	51.20	24.20
1998	ST_1	116.10	96.70	28.30
	ST_2	106.40	87.20	27.60
	ST_3	118.20	96.60	27.30
	ST_4	115.00	90.40	27.20
	ST_5	113.40	80.80	26.90

续表 6-3

年 度	播 期	武运粳 7 号		
		颖花/穗	实粒/穗	千粒重,g
1999	ST_1	137.60	111.40	26.80
	ST_2	131.90	104.00	26.60
	ST_3	141.40	109.20	26.30
	ST_4	139.00	104.20	25.80
	ST_5	117.90	86.20	23.20
$\overline{CI}$		121.87	92.24	26.02
$\pm SD$		11.48	16.39	1.43
RECG		0.09	0.18	0.05

试验采用肥床旱育秧,净板播种量依播期顺次分别为:300 kg/hm^2、525 kg/hm^2、750 kg/hm^2、1 500 kg/hm^2 和 3 000 kg/hm^2。试验于 6 月 24 日(1997 年)或 6 月 25 日(1998—1999 年)移栽,密度为 31.5 万穴/hm^2,每穴 2 苗。试验田的肥水管理及病虫防治均按高产田标准运筹。移栽时,每小区定点 10 穴记载茎蘖动态,第Ⅰ重复各小区另定 10 穴记载叶龄,茎蘖数、叶龄值观测记载均 5 d 一次,至齐穗期止。统一标准,及时记录不同处理的各个生育时期。试验统一于 10 月 26 日取样考察穗粒结构,并核收小区产量。

6.2.2 气候对穗部性状的影响

供试品种在不同年份和不同播期条件下的每穗颖花数、每穗实粒数和千粒重之数据分别汇于表 6-1、表 6-2、表 6-3。

6.2.3 穗部性状基因弹性评判

根据表 6-1、表 6-2、表 6-3 内数据和相对基因弹性测定方法(式(4)),算得供试品种穗部性状的$\overline{CI}$、*SD* 和 *RECG* 汇入表 6-1、表 6-2、表 6-3。依据表 6-1、表 6-2、表 6-3 中的计算值分析,可以得出以下3个结论：

① 控制水稻穗部性状包括每穗颖花数、每穗实粒数和千粒重的多基因弹性均较小，这与育种学上水稻穗部这3个性状遗传力均较大的常识相一致。

② 从表6-1、表6-2、表6-3中各穗部性状的相对基因弹性系数(RECG)的具体数值看，控制每穗实粒数的多基因弹性最大，控制每穗花数的多基因弹性次之，控制千粒重的多基因弹性最小，但它们基因弹性均呈弱势表现。

③ 随着供试品种生育期的增加，即武运粳7号(156 d)＞早丰9号(152 d)＞镇稻88(150 d)，控制水稻穗部性状的多基因弹性还有增大趋势，说明在本试验条件下，影响控制水稻穗部性状基因表达的噪声尚有潜力。换言之，水稻穗部性状的多基因弹性尚未足额得到显现。

6.3　问题与讨论

6.3.1　关于基因弹性系数的测定

尽管我们研究了两类基因弹性系数测定方法，但事实上，这项工作尤其是准确精细地测定极为艰难，原因在于无法确定被测定基因所控制性状的表达极限，而这个表达极限又取决于影响基因表达的噪声极限。噪声超极限则基因无法表达，也就无所谓性状极限指标值，噪声未达极限，则基因表达性状的极端值不会出现，计算的弹性系数因之也就不能真实反映基因弹性。在应用绝对基因弹性测定时，因遗传力有广义和狭义之分，相同试验数据计算的AECG也会有所不同，即使相同的性状，RECG亦会有所变化，概因噪声未达极之故。所以，有关基因弹性的测定和评判有待作进一步深入研究。

6.3.2 关于基因弹性实质和界定

种性漂移(SCD)的实质是生物信息在其传递和表达过程中因受噪声影响而出现异化或信息失真的结果,而基因弹性的实质是指发生在此过程中后一个阶段即生物信息表达期间信息失真能力的大小,属可逆种性漂移(RSCD)范畴[2]。换言之,导致现实性状偏离目标性状的噪声恢复到常态值时,基因控制性状的表达正常。例如,小麦黄化苗现象,麦苗出现黄化的原因很多,如基因突变、无光照、低温和缺乏营养元素等,除基因突变黄化苗外,其余因素导致的麦苗黄化均属基因弹性范畴,只是这些因素在植物生理学上的作用层面不同而已[12]:无光条件下,原脱植基叶绿素(protochlorophyllide)不能被还原成脱植基叶绿素 a(chlorophyllide a),难以形成叶绿素 a;低温影响叶绿素合成和叶绿体发育;N、Fe、Mg 和 Cu 等元素都是叶绿素的组成元素,缺乏它们,叶绿素也不能正常形成。这些因素恢复常态,黄化苗绿化。

6.3.3 关于基因弹性与性状抗逆

从生物信息论角度来看[3],生物信息集(BIS)中所含大量的生物信息组(BIG)即基因要表达成物种性状,需要经历一个复杂的生理生化过程,在这个过程中,任何一种噪声的不正常作用,均会使 BIG 表达出来的现实性状偏离目标性状,现实性状偏离目标性状的程度之大小,反映了 BIG 对性状表达的控制程度。相同条件下,BIG 允许性状偏离目标性状程度越大,则 BIG 对性状的控制力越小,说明 BIG 越具弹性,即基因弹性系数高;BIG 允许性状偏离目标性状程度越小,则 BIG 对性状的控制力越大,BIG 即基因弹性系数越低。基因弹性系数高,说明该生物性状适应性强,抗逆性也强;反之,基因弹性系数低,该生物性状适应性差,抗逆性也差。二者呈现紧密的正相关。

参考文献：

[1] 王夫玉. 论水稻种性漂移及对策[J]. 中国稻米，2001(3)：39-40.

[2] 王夫玉. 物种种性漂移研究[J]. 甘肃科学学报，2002，14(3)：62-69.

[3] 王夫玉. 物种种性漂移的生物信息论基础[J]. 甘肃科学学报，2003，15(1)：43-48.

[4] 王夫玉，陆建飞. 物种机械学种性漂移研究[J]. 甘肃科学学报，2004，16(1)：45-48.

[5] 王夫玉. 生物信息起源假说[J]. 甘肃科学学报，2004，15(4)：34-39.

[6] 王夫玉，张洪程，戴其根，等. 水稻品种生境敏感性研究[J]. 中国农业科学，2001，34(1)：35-39.

[7] Wang F Y, Zhang H C, Dai Q G, et al. Study on Environmentral Sensitivity of Variety in Rice [J]. Agricultural Sciences in China, 2002, 1(6)：612-617.

[8] 马育华. 植物育种的数量遗传学基础[M]. 南京：江苏科学技术出版社，1982.

[9] 莫惠栋. 农业试验统计[M]. 上海：上海科学技术出版社，1984.

[10] 王夫玉，张洪程，戴其根，等. 温光对水稻籽粒充实度的影响[J]. 中国农业科学，2001，34(4)：396-402.

[11] 王夫玉. 水稻群体源库特征及影响因素研究[D]. 江苏扬州：扬州大学，2002.

[12] 杨学荣. 植物生理学[M]. 北京：人民教育出版社，1981.

Elasticity of Biological Information Group(Gene)

Abstract: The elasticity of bilolgical information group, i. e. gene elasticity, was studied from the viewpoint of biological information theory in this chaper. The concepts, such as gene elasticiy, were defined. The methods for describing and calculating the elastic constant of gene was given, and one of them was tested and verified with the experimental results of panicle characteristics which was influenced by seeding time in rice.

Key Words: specific characteristic drift(SCD); gene elasticity; elastic constant; rice; spikelets per panicle; grains per panicle; 1 000-grain weight

第7章　生物信息失真的非对称性

摘　要：本章提出了生物信息失真具有非对称性性质，它是由生物信息组(基因)变异非对称性和生物信息组(基因)弹性非对称性决定的，并分别用实例证明。

关键词：生物信息；失真；非对称性；小麦；玉米；种性漂移

物种DNA包含若干生物信息组BIG(biological information group, BIG,基因)[1]，每个BIG就是一条生物信息，决定该物种的某个性状。理论上，BIG所表述的性状是期望性状(expectant characteristic)，经表达后所表现出的性状就是现实性状(actual characteristic)。一般情况下，现实性状与期望性状间均存在差异，从生物信息论角度讲，性状差异就是生物信息失真[1]，这个性状差异形成的过程就是物种种性漂移[2]。

从BIG结构到其性状形成的整个过程，包括2个阶段，一是生物信息传递、转换阶段；另一是信息转录、翻译和表达阶段，前一个阶段因BIG变异导致信息失真，后一阶段则因BIG弹性而导致信息失真[3~5]。研究相关数据资料，可得出这样的结论：生物信息失真具有非对称性性质，它是由BIG变异非对称性和BIG弹性非对称性决定的，此结论拟以2个实例说明之。

原载：甘肃科学学报，2008，20(1)：55-58

作者：王夫玉

收稿日期：2007-04-25

7.1 基本概念

7.1.1 现实性状指标值

现实性状指标值(value for actal characteristic, VAC)指用于描述物种现实性状指标的数值。

7.1.2 期望性状指标值

期望性状指标值(value for expectant characteristic, VEC)指用于描述物种期望性状指标的数据。

7.1.3 替代性状指标值

期望性状指标值很难确定,但可以通过一定方式,选择特定性状指标值替代之,用于替代期望性状指标值的数值即称替代性状指标值 SVEC(substitutive value for expectant characteristic, SVEC)。

7.1.4 性状差异

性状差异(difference between VAC and VEG or SVEC)指现实性状指标值与期望性状指标值或替代性状指标值间的差异,通常用之反映性状差异的大小。

7.2 生物信息失真非对称性验证

7.2.1 BIG 弹性非对称性示例

用施氮量对小麦籽粒蛋白质组合含量影响的试验结果来说明[4]。试验设计、测定项目及方法见参考文献[4],试验结果见

表 7-1。

表 7-1　不同处理对小麦籽粒蛋白质各组合占蛋白质含量比例的影响

品　种	处　理	清蛋白	球蛋白	醇溶蛋白	麦谷蛋白	剩余蛋白
济南 17	N0	13.22	8.95	26.55	36.17	15.01
	N120	13.46	9.21	25.83	36.42	15.08
	N180	13.64	9.45	25.10	36.78	15.03
	N240	13.89	9.86	24.11	37.13	15.01
	N300	13.94	10.24	23.28	37.28	15.26
鲁麦 21	N0	14.63	7.75	29.20	35.55	14.87
	N120	14.81	8.03	28.35	34.26	14.55
	N180	14.96	8.67	27.83	34.20	14.34
	N240	14.89	9.45	26.88	34.69	14.09
	N300	14.99	10.55	26.16	34.72	13.58
93-52	N0	14.07	13.07	30.79	28.21	13.86
	N120	14.29	14.04	29.53	28.44	13.70
	N180	14.28	13.86	29.65	28.45	13.76
	N240	14.37	13.95	29.31	28.62	13.75
	N300	14.44	13.83	29.01	28.86	13.86

从表 7-1 中可以看出，无论是以 N180 为 SVEC，还是以 N240 为 SVEC，3 个品种因多施或少施相同数量纯氮(60 kg/hm^2)而引起的每种蛋白质比例差值的绝对值均不相同。换言之，小麦籽粒蛋白质组合比例的变化，并不是随处理因素变化而等比例变化的，即控制小麦籽粒蛋白质组合性状的 BIG(或基因)弹性是有非对称性的性质。

7.2.2　BIG 变异非对称性示例

用对玉米籽粒的含油量和蛋白质含量连续进行 70 世代的选择试验结果来说明[5]，其试验结果见文献[5]，选择结果见表 7-2。

在表 7-2 中，以 Burr White 零世代的油分含量 47.0 g/kg 和蛋白质含量 109.2 g/kg 分别为相应性状指标的 VAC。从表 7-2

中很容易看出：在定向选择条件下，Burr White 控制油分含量和蛋白质含量的 BIG（或基因）突变具有明显的不对称性，且随着定向选择世代的增加，这种不对称性更加明显，从对表 7-2 数据进行数理分析看，结果更加清晰。

表 7-2 对 Burr White 的油分和蛋白质含量进行 70 世代定向选择的效应

单位：g/kg

年份	世代	高含油量	低含油量	高蛋白含量	低蛋白含量
1896	—	47.0	47.0	109.2	109.2
1901	5	62.4	34.5	137.8	96.3
1906	10	73.8	26.7	142.6	86.5
1911	15	75.2	20.6	137.9	79.0
1916	20	85.1	20.7	156.6	86.8
1921	25	99.4	17.1	166.6	91.4
1926	30	102.1	14.4	181.6	65.0
1931	35	118.0	12.3	201.4	71.2
1936	40	101.6	12.4	229.2	79.9
1941	45	137.3	10.2	177.6	57.9
1949	50	153.6	10.1	194.5	49.1
1954	55	121.5	5.2	218.0	67.0
1959	60	150.3	7.6	230.0	49.0
1964	65	152.9	6.0	231.0	51.0
1969	70	166.4	7.0	266.0	44.0

若令 Burr White 籽粒油分含量、蛋白质含量的高低值变数分别为 O_1、O_2、P_1 和 P_2，则它们与世代自变量（X）间的统计关系式分别为：

$$O_1 = (-1\,146.38 + 163.74X)X^{-1} \quad (r = 0.977\,9^{**}) \qquad (1)$$

$$O_2 = X(-1.719\,9 + 0.164\,4X)^{-1} \quad (r = 0.931\,1^{**}) \qquad (2)$$

$$P_1 = (-1\,372.63 + 249.29X)X^{-1} \quad (r = 0.981\,8^{**}) \qquad (3)$$

$$P_2 = X(-0.147\,3 + 0.021\,4X)^{-1} \quad (r = 0.966\,6^{**}) \qquad (4)$$

当定向选择世代无限延续即 $X\to\infty$时，由式(1)～式(4)可算出 O_1、O_2、P_1 和 P_2 的 SVEC，分别为 116.74 g/kg、6.08 g/kg、249.29 g/kg 和 46.73 g/kg。就油分含量变化而言，其性状差异的期望高偏值为 116.74(163.74－47.00)g/kg，期望低偏值为 40.92(47.00－6.08)g/kg，前者明显大于后者，非对称性显著；就蛋白质含量变化而言，其性状差异的期望高偏值为 140.09(249.29－109.02)g/kg，期望低偏值为 62.47(109.20－46.73)g/kg，也是前者明显高于后者，非对称性显著。

7.2.3　BIG 弹性和变异的人工导向

上述 2 个示例表明，在自然或人工条件下，生物信息组(BIG)的弹性变化或结构变异都是在其诱导因素的作用下发生的。换言之，特定的环境诱导因素可以使特定 BIG 的弹性发生变化或结构发生变异。然而，BIG 弹性和 BIG 变异在其变化的人工导向上却有质的差别，大量资料表明，BIG 弹性变化的方向是可以预测或先知的，即采用一定剂量的诱导因素处理，可以使 BIG 的弹性变化向人为可控方向变化，人们利用这一性质，可以对生物个体或群体的性状表达进行人工导向，使之向着人们期望的方向发展；而 BIG 发生变异的方向则是随机的，不可预见的，但变异发生后，人们仍可以进行定向选择，择益而用。简言之，物种 BIG 弹性变化可人工主动导向，BIG 结构变异则可人工被动导向，均能达到人工导向、合理利用之目的。

7.3　结束语

综上所述和文献研究结果[1～3,6,8]，可做出以下 4 项推论：

(1) 空间生境因素诱导物种种性漂移　据推测[6]，地球生物(信息)起源于稳定的固、液、气三相界面——海陆交界处的可能性最大，三相物质内的各类生境因素特别是食源诱导物种进化，物种进化是通过物种种性漂移来实现的[2]。根据以往大量的研究成果分析,原始物种进化的空间方位的先后顺序大致是:固液气三相界面、液相内(海洋,主体)、固液相界面、固气相界面(陆地,主体)、液气相界面、气相内、固相内。我国在江苏省东海县境内实施的大陆科学钻探发现[7],地下 500～4 000 m 岩石内仍有 5 大类细菌和 6～7 个大类的古菌,这些微生物具有特殊性能,能食用三价的铁,使之还原为二价铁。钻探还从地下 3 910 m 左右的岩心中分离到了一株嗜热兼性厌氧菌,这个事例进一步说明,不同空间内的生境因素诱导生物物种种性漂移,并逐渐适应其中。

(2) 物种种性漂移源于生物信息失真　尽管物种种性漂移的种类很多[2,8],具体到性状特性上,更是千差万别,但归因一点,即皆源于生物信息失真,生物信息失真导致物种种性漂移,物种漂移长期积累的过程就是生物(信息)进化。例如,华美金凤鸟的发现[9],既证明它处于鸟类谱系树的基部,比始祖鸟略微原始,这是从恐龙向鸟类演化过程中的一个非常关键的位置。同时,又说明了从恐龙进化成鸟类的过程中,许许多多的生物信息产生了失真,特别显著的特征是:恐龙无羽毛,而华美金凤鸟有羽毛;华美金凤鸟上下颚各发育 18 颗光滑无饰的牙齿,而当代鸟类无牙齿。物种种性漂移既然是生物信息在其传递和表达过程中受生境噪声作用而产生失真的结果,说明生物(信息)进化是生物适应生境的扬弃,是对生境适应的结果。换言之,生物(信息)进化的原始动力来自环境因素变化的诱导,生物为适应环境而使然。

(3) 生物信息失真具有非对称性性质　文献[1]已说明生物信息的传递有 3 条途径。生物信息的一级传递,用于生物系统发育即延续生物世代,其生物信息失真主要表现为因 DNA(RNA)出现交换、缺失、插入、倒位、加倍等原因而产生的变化,可以是发生在 BIB 水平上的,也可以在 BIC、BIG 水平上的,抑或是 BIS 水平上的,变化是随机的,因而也是非对称的。生物信息的二、三级传递,用于物种个体的生长发育和细胞组织功能特化,其生物信息失真主要表现为 DNA 水平上的 BIG 转录、翻译或表达错误，DNA 上的 BIG 控制性状的实现同样是非对称性的。生物信息失真的非对称性，体现在 BIG 变异非对称性和 BIG 弹性非对称性 2 个方面，前者在极端条件下或特定条件失去后，使 DNA 上的某些 BIG 永久性或暂时性关闭，形成 DNA 上的“荒原”，即不编码蛋白质的区域，成为 DNA 上的冗余生物信息（RBI）[1]，如前述的华美金凤鸟牙齿；后者在极端条件下或特定条件失去后，使得 DNA 上的特定 BIG 无法表达，表达不成现实性状，导致物种性状缺损甚至物生群、个体消亡。从生物信息论角度讲，满足或恢复一定的条件，DNA 上的 RBI 应该是可以唤醒的，BIG 表达与否以及如何表达也是可以人为控制的。

（4）失真不对称决定生物进化多样性　根据上述 3 项推论，似可进一步得出以下推断：具有非对称性性质的生物信息失真，决定了生物信息进化和演变，最终决定生物进化方式的多样性，生物进化应是生物物种主动适应环境的结果，而非被动的环境胁迫使然。近来，国际上的一些最新研究也从不同侧面证实之。人们普遍认为，自然选择是推动生物进化的主要动力。然而，学术界也提出了一些新的进化推动力因素[10]，其中之一是生物体在发展过程中能够改变其形态或其他特征以适应环境变化，这种现象称为表型可塑性，这种可塑性是可以遗传的；自我组织是另一种进化动力，它可以激励生物体自发出现复杂的特征和行为，而这些特征或行为则通过一代代传递给后代；另外，环境和 BIG 结构基因蓝图在发展过程中相互影响也引起了人们的注意，如一种叫红腹滨鹬的鸟可以根据自己迁徙的路线改变它们的外表，这种鸟能够把这种能力传递给后代；等等。这些结果说明推进生物进化的动力是多方面的，从而也说明了生物进化方式具有多样性。同时，也说明 BIG 弹性的特征是可遗传给后代的。

参考文献：

[1] 王夫玉. 物种种性漂移的生物信息论基础[J]. 甘肃科学学报，2003，15(1)：43-48.
[2] 王夫玉. 物种种性漂移研究[J]. 甘肃科学学报，2002，14(3)：62-69.
[3] 王夫玉. 基因弹性研究[J]. 甘肃科学学报，2005，17(3)：58-61.
[4] 王月福，于振文，李尚霞，等. 施氮量对小麦籽粒蛋白质组合含量及加工品质的影响[J]. 中国农业科学，2002，35(9)：1071-1078.
[5] Dudley，G. W. Seventy Generation of Selection for Oil and Protein in Maize Crop[J]. Science Society of American，1974.
[6] 王夫玉. 生物信息起源假说[J]. 甘肃科学学报，2003，15(4)：34-39.
[7] 赵凡. 地球内部惊现活着的微生物[N]. 中国国土资源报，2005-1-7(1577).
[8] 王夫玉，陆建飞. 物种机械学种性漂移研究[J]. 甘肃科学学报，2004，16(1)：45-48.
[9] 杨键. 华美金凤鸟才是“天下第一鸟”[N]. 人民日报，2005-3-21(11).
[10] 让纳·布吕纳. 进化之谜[N]. 参考消息，2007-8-22(9).

Asymmetry of Biological Information Distortion

Abstract: The study was given that biological information distortion was provided with the nature of asymmetry. The asymmetry of biological information distortion was determined by the asymmetry of gene's (biological information group's, BIG's) variation and the asymmetry of gene's (BIG's) elasticity. Both of them were tested and verified by the examples in this paper.

Key Words: biological information; distortion; asymmetry; wheat; maize; specific characteristic drift (SCD)

第三篇

引　论

第 8 章　超限生态学及其展望

摘　要：本章给出了超限生态学的定义，它是研究超限生态环境中生物及其与周围环境因素（含生物因素）相互关系的科学。探讨了超限生态学的界定方法，展望了超限生态学的研究前景。

关键词：超限因素；超限环境；超限生态学；界定方法；研究展望

从严格意义上讲，地球生命起源与演化的过程[1~3]，就是一部生态学的发展历史。但生态学作为一门独立的学科被研究，则始于 1866 年德国动物学家 Ernst Haeckel（1834—1919）给出的生态学定义：研究有机体与环境相互关系的科学[4]。生态学概念的提出虽然已有 140 多年的历史，但它却是一门年轻而充满朝气的科学，特别是近 50 年来，生态学得到了蓬勃发展，产生了许多分支学科和交叉、边缘学科，形成了庞大的生态学学科体系，根据不同的分类标准，可将生态学分成若干类[5]。作者认为，依据对生态环境因素度量指标尺度的大小，可将生态学分为普通生态学（ecology）、极端生态学（extreme ecology）和超限生态学（super-limit ecology），本章拟对超限生态学作一浅显研究。

原载：《甘肃科学学报》，2009，21(2)：57-60
作者：王夫玉，王从
收稿日期：2008-12-04

8.1 科学探索的若干实例

近年来，随着科学探索的不断深入，许多超乎人们想象的生命形式或生存方式不断地被发现，诸如以下实例。

8.1.1 岩石深处的细菌

我国在江苏省东海县境内实施的大陆科学钻探中发现[6]，地下 500～4 000 m 岩石内有 5 大类细菌和 6～7 个大类的古菌，这些微生物具有特殊性能，能食用三价的铁，使之还原为二价铁，以便获取生存能量。钻探还从地下 3 910 m 左右的岩芯中分离到了一株嗜热兼性厌氧菌。

8.1.2 超深海底的鱼类

英国阿伯丁大学海洋实验室和日本东京大学海洋研究协会的科学家，借助一种革命性潜水摄像技术的帮助，在日本附近的太平洋海底 7 700 m 深处拍到了 17 条深海鱼类[7]。这种被称为超深渊拟狮子鱼，长约 30 cm，只能靠嘴唇上的震动感应器来探测海洋深度以及寻找食物。

8.1.3 深海热泉中的嗜热菌

美国麻萨诸塞大学的微生物学家们，在太平洋深海热泉的过热水流中寻找铁代谢细菌时，发现一种细菌使氧化铁含量减少，并在 100℃下增殖，当他们开始加热水温以试图找到这种新细菌的耐高温极限时，他们惊异地发现该细菌在 121℃的热水中都能继续生长，在 130℃的热水中尚能存活[8]。

8.1.4 空间站上种植的大麦

俄罗斯地面飞行控制中心宣布，国际空间站宇航员已第二次在空间站种植并收获大麦，第一次是在 2006 年[9]。宇航员将收获的大麦种子放入特制容器中，在－80℃的环境中保存并带回地球。此外，宇航员还计划种日本生菜等更多品种的可食用植物，从而为未来宇航员提供丰富的营养。

8.1.5　太空中的水熊虫

欧洲宇航局研究人员报告[10]，卫星将只有 1 mm 左右长度的水熊虫带上太空，随后将它们暴露在太空环境中，这种缓步类动物在没有空气、辐射强烈的极端太空环境下，暂时停止自身所有生命活动，卫星回到地球后，这些水熊虫大部分挺过太空行而生还。

8.2　超限生态学的定义与界定

8.2.1　超限生态学定义

分析上述 5 项科学探索实例，可以发现这些实例都具有一个共同特点，即在生物物种的生存环境中，均有一项或多项生境因素超乎寻常，达到常态条件下绝大多数物种无以忍受超越极限的程度，此称这种生态环境为超限生态环境（super-limit ecological environment）。如无水无气的岩石深处、极高压强下的深海海底、深海热泉的过热水流中和失重状态下的空间站上，而真实的太空环境则更为恶劣，许多生境因素超越极限。据此，可以定义超限生态学为研究超限生态环境中生物及其与周围环境因素（包含生物因素）相互关系的科学。

8.2.2　超限生态学的绝对界定

超限生态学的界定，关键是对生态环境中异常因素超越极限程度的判定，进而推断是否是超限生态环境。若将地球作为一个参照系，则可以把地球看作是生态环境的总体（population of ecological environment, PEE)。地球生物有 I 种,生态环境中影响生物的因素有 J 个,将 PEE 中适宜生存的常态环境因素高限指标值用 a_{max} 表示,其生态环境因素低限值指标值用 a_{min} 表示。从理论上讲,依之可以获得两簇重要的生物生存因素参数(parameter),即:

$$A_{j\cdot max} = \sum a_{ij\cdot max}/I \tag{1}$$

$$A_{j\cdot min} = \sum a_{ij\cdot min}/I \tag{2}$$

其中,$A_{j\cdot max}$ 为地球生物生存因素指标值的高限参数,共有 J 个;$A_{j\cdot min}$ 为低限参数,也有 J 个。

设一个特定的生态环境为样本生态环境(sample of ecological enviorment, SEE),有 $P(\geqslant 1)$ 种生物存在,有 Q 个生物因素表现异常,其高限指标值用 b_{max} 表示,其低限指标值用 b_{min} 表示。相应的,也可以获得两簇物种生存因素参数,即:

$$B_{q\cdot max} = \sum b_{pq\cdot max}/P \tag{3}$$

$$B_{q\cdot min} = \sum b_{pq\cdot min}/P \tag{4}$$

其中,$B_{q\cdot max}$ 为特定环境因素指标值的高限参数,共有 Q 个;$B_{q\cdot min}$ 为特定环境因素值的低限参数,也有 Q 个。

将样本生态环境(SEE)与地球生态环境总体(PEE)相比较,应用统计学理论,对参数进行统计推断(statistical inference),若至少有一个同类因素的 $B_{q\cdot min}$ 极显著(very signifrcance)大于 $A_{j\cdot max}$,或者 $B_{q\cdot max}$ 极显著小于 $A_{j\cdot min}$,则称样本生态环境是超限生态环境,研究其中生物及其与周围环境相互关系的生态学就是超限生态学。而研究介于常态生态环境与超限生态环境之间的生态学就是极端生态学。

8.2.3 超限生态学的相对界定

上述超限生态学的绝对界定很难实现,主要原因是地球生物物种种类难以穷尽。但通过研究发现，可以应用确立超限生态环境的对照样本(check sample, CS)的方法予以界定，因为这种界定方法要选择CS作对照故称之为超限生态学的相对界定(relative judgment)。相应地，前者则称为超限生态学的绝对界定(absolute judgment)。其方法如下：

首先，确定一个拟研究的目标样本生态环境(aim SEE, ASEE)的对照样本生态环境(check SEE, CSEE)，有M种生物，有N个生境因素，这个CSEE应是被熟知的、公认的或已有研究定论的，用于替代PEE；其次，利用上述方法确定CSEE中特定因素的高限指标值($D_{n\cdot\max}$)和低限指标($D_{n\cdot\min}$)：

$$D_{n\cdot\max} = \sum d_{mn\cdot\max}/M \tag{5}$$

$$D_{n\cdot\min} = \sum d_{mn\cdot\min}/M \tag{6}$$

然后，对$B_{q\cdot\max}$与$D_{n\cdot\min}$或$B_{q\cdot\min}$与$D_{n\cdot\max}$进行统计推断，比较其差异的显著性；进而，判断ASEE的超限条件是否满足；最后，确立超限生态环境条件是否成立。

8.2.4 超限生态学辨析

超限生态学由两大客体构成：一是超限生态环境中的超限因素(含生物因素)；二是置于其中的目标生物。为研究超限因素及其变化对超限生态环境中目标生物的个体、种群或群落等的影响及调控规律，有必要对超限生态学进行分类辨析。超限生态环境中超限因素可分两类，一类是原发超限因素(initial super-limit factor, ISF)，另一类是后发超限因素(postnatal super-limit factor, PSF)；对于其中的目标生物而言，也可分为两类，一类是原生生物物种(native species, NS)，另一类是后生生物物种(exotic species, ES)。

根据上述超限生态环境中超限因素和目标生物分类，可将超限生态学研究分为四类型：第一类是研究 ISF、NS 及 ISF 与 NS 关系的变化规律及调控技术的，如岩石深处的细菌、超深海底的鱼类和深海热泉中的嗜热细菌等；第二类是研究 ISF、ES 及 ISF 与 ES 关系的变化规律和调控技术的，如在空间站上种的大麦和太空中的水熊虫等；第三类是研究 PSF、NS 及 PSF 与 NS 关系的变化规律和调控技术的，如田间喷药治虫等；第四类是研究 PSF、ES 及 PSF 与 ES 关系的，如实验室内进行的生物药理实验等。

8.3 超限生态学研究展望

随着人类社会的进步、科学技术的发展和人们生活水平的提高，超限生态学的作用必将显得越来越重要，其研究前景也将越来越广阔。在现实世界中以及可预见的将来，超限生态学研究将在下列领域有重大作为。

8.3.1 超限生态学与宇宙生命

地球上存在生命的实事，表明宇宙中有生命的命题成立。太阳是宇宙中的一颗恒星，其行星及其卫星中至少有一颗（地球）拥有生命。据此推测，拥有约 10^{23} 颗恒星的宇宙[11]，具有生命的其他星球，不仅有而且数量可能还很多。生命作为星球物质演变过程中出现的一种现象，其他星球若有生物，其表现形式可能与地球生命形式有所不同，并且，有的星球上生命演化可能已经终结，而有的星球上生命则可能刚刚诞生。超限生态学的研究，既有可能将地球生命的特殊形式外延类比到其他星球，如中国东海县超深岩石内靠嗜铁生存的细菌、南非金矿深处靠附近岩石放射性衰变生存的细菌等[6,11]，也有利于开展对地球生命进入太空生存或将生命“播种”到其他星球上生存的研究，拟或还有利于对外星生命研究，积累天体生物学（astrobiology）的背景知识与理论[12]。

8.3.2　超限生态学与生物进化

地球生物所经历的起源、生存和消亡就是物种进化的过程[1,3]。物种进化是物种种性的漂移，皆源于生物信息的失真[13,14]。换言之，生物信息失真导致物种种性漂移，种性漂移长期积累的过程就是生物（信息）进化[15]。当前，地球正经历第六次物种大灭绝，近一半物种将消失，灭绝程度相近于距今 6 500 万年前发生的白垩纪——第三纪灭绝事件，这场物种灭绝的首因是人类活动，包括开采地球、制造污染以及人类正在做的很多事[16]。在过去的 35 年里，生物多样性下降了 35%，灭绝的物种比过去 300 年间灭绝的还要多，人类对自然环境的过度开发正在导致难以为继的“生态债务”[17]。超限生态学研究对于探讨超限生态环境条件下物种进化和物种保护具有重大意义，对在保护生态系统功能方面比其他物种更重要的、具有独特基因的物种保护可能更具有实践意义。

8.3.3　超限生态学与生物入侵

生物入侵是指某种生物从外地传入或人为引种后成为野生状态，并对本地生态系统造成一定危害的现象，这些生物被叫做外来物种[18,19]。外来物种入侵会严重破坏生物的多样性，并加速物种的灭绝，进而严重破坏生态平衡，有的外来物种可能携带病原微生物而对其他生物的生存甚至对人类健康构成直接威胁。随着新兴科技特别是纳米技术等微观科技的发展，细菌和病毒可能被改造，以增加杀伤力或应对抗生素，使得生物攻击或生物暴力成为更大的威胁。生物入侵或生物改造所造成的潜在危害，均是常态生态环境中出现超限危害生物因素导致的，常态生态环境因出现超限危害的生物因素而成为超限生态环境。因此，生物入侵和生物改造的危害机制应成为超限生态学研究的重要内容之一。

8.3.4 超限生态学与生物保护

当一个生态环境中出现超限因素后，即转为超限生态环境，这些因素可能是生物因素，也可能是非生物因素，均会对目标生物造成严重危害，甚至造成生物物种的灭绝。近年来多次发生的流域性水体污染事件，如松花江重大水污染、太湖蓝藻爆发等[21,22]，对水体生物都造成了灭顶之灾。在水稻生产上，灰飞虱不仅直接危害稻株，而且使秧苗带毒进入大田，导致稻株发生条纹叶枯病而死亡，造成水稻减产。自 2004 年以来，由于气候变暖、外地迁入和本地越冬繁殖数量迅速增加，使得江苏省每年 5 月下旬到 6 月初的灰飞虱爆发，秧田虫口密度超过 50～700 万头/667 m^2[23]，远远超过了防治指标(1～5 万头/667 m^2)，造成了 2004—2006 年部分水稻减产，有的田块减产幅度超过了 50%。近两年来，苏北地区通过恰当的药物防治和推广抗虫水稻品种徐稻 3 号、4 号等[24]，已成功地抵御了灰飞虱对水稻生产的危害。实践证明合理采用综合的防治方法，包括科学确定有害生物防治药物的致死、半致死浓度等，既可以高效经济地防治有害生物，也可以避免造成生态环境的次生污染，这也是超限生态学研究的重要内容之一。

8.3.5 超限生态学与人类生活

人类在地球生态系统中处于中心地位，人类的活动不仅影响生态环境变化，而且影响人类生活的本身，如水体污染、生物入侵、生物攻击等等。从某种意义上讲，人类生活受自然的惩罚是人类活动所造成生态债务的因果报应。从本质上看，人是生态环境中的一种生物，其赖以生存的食物是人类生存和繁衍最直接最重要的限制因素，食物从两个方面影响和限制人类生活，即数量和质量，食物数量主要影响和限制人类群体的数量，食物质量则主要影响和限制人类个体的质量，前者因是现实的、显现的而被重视，后者则因是隐蔽的、潜在的而易被忽视。随着人类生活水平的不断提高、科学技术的飞速发展和毒食品事件的接连发生等，食物质量安全问题越来越受到人们的关注。三鹿牌婴幼儿乳粉高含三聚氰胺，是我国近年来发生的影响最大的一次食物质量安全事件，据卫生部等部门联合公告[25]，婴幼儿配方乳粉中三聚氰胺的限量值为1 mg/kg(1 ppm)，而三鹿牌婴幼儿乳粉中三聚氰胺最高含量达2 563mg/kg[26]，是安全限量值的2 563倍，指标严重超限，使食用这类奶粉的婴幼儿出现非正常死亡现象。避免食物中有害物质的潜在危害，一方面要科学地确定安全系数，另一方面要形成严格监管制度。而确定食物中有害物质的安全系数，应属于超限生态学的研究范畴。科学地讲，地球上出现超限因素，都将直接或间接、短期或长期地影响人类生活。

参考文献：

[1] 查理·达尔文. 物种起源——进化与遗传的全面考察与经典阐述[M](翟飚编译). 北京：人民日报出版社，2005：263.

[2] 郝守刚，马学平，董熙平，等. 生命的起源与演化——地球历史中的生命[M]. 北京：高等教育出版社，施普林格出版社，2000：252.

[3] 王夫玉. 生物信息起源假说[J]. 甘肃科学报，2003，15(4)：34-39.

[4] http://en.wikipedia.org/wiki/Ernst-Haeckel.

[5] 何方. 生态学分类研究[J]. 经济林研究，2001，19(4)：14-17.

[6] 赵凡. 地球探索惊现活着的微生物[N]. 中国国土资源报，2005-1-7(1577).

[7] 杨宗. 海底7 700米处拍到"深海活鱼"[N]. 扬子晚报，2008-10-9(A15).

[8] Kazem kashefi, Derek R. Lovey. Extending the Upper Temperature Limit for Life [J]. Science, 2003, 301(5635):934.

[9] 新华社. 国际空间站收获种下的大麦[N]. 扬子晚报，2008-8-26(A14).

[10] 新华社. 强悍小虫太空生存(N). 新华日报，2008-9-10(B1).

[11] 华盛顿邮报. 人类终将找到外星生命？[N]. 参考消息，2008-7-27(5).

[12] Pascacle Ehrenfreund, W. M. Irvine, T. Owen, et al. Astrobiology: Future Perspectives [M]. Springer, 2004:518.

[13] 王夫玉. 物种种性漂移研究[J]. 甘肃科学学报,2002,14(3):62-69.

[14] 王夫玉. 物种种性漂移的生物信息论基础[J]. 甘肃科学学报,2003,15(1):43-48.

[15] 王夫玉. 生物信息失真的非对称性研究[J]. 甘肃科学学报,2008,20(1):55-58.

[16] 美国每日科学网站. 地球正经历第六次物种大灭绝[N]. 参考消息,2008-10-23(7).

[17] 星期日泰晤士报网站. 人类造成“最大规模动植物灭绝”[N]. 参考消息,2008-10-27(6).

[18] 张林艳,万叶辉. 群落可侵入性及其影响因素[J]. 植物生态学报,2002,26(1):109-114.

[19] 王夫玉,陆建飞. 物种机械学种性漂移研究[J]. 甘肃科学学报,2004,16(1):45-48.

[20] Anonymous. Outlook 2009[J]. The Futurist, 2008(11/12):1-9.

[21] http://news. tom. com/1002/20051123-2678953. htm/.

[22] http://it. sohu. com/s2007/taihu/.

[23] http://kcxh. jaas. ac. cn/2008/5-12/1015. htm/.

[24] 王夫玉,段祥茂,陈留根,等. 徐稻 3 号超高产群体特征及栽培技术[J]. 耕作与栽培,2006(1):41-42.

[25] http://news. sina. com. cn/c/2008-10-09/012116418867. shtm/.

[26] http://www. globrand. com/2008/89791. sh.

Study on Super-limit Ecology and Its Prospects

Abstract: Super-limit ecology is the scientific study of the distribution and abundance of living organisms and how the distribution and abundance are affected by interactions between the organisms and the factors which include species in their super-limit ecological environment. The methods of judging super-limit ecology were seeked and the prospects of studying super-limit ecology were described in this chaper.

Key Words: super-limit factor; super-limit environment; super-limit ecology; judgment method; prospect of study

第9章　水稻品种生境敏感性

摘　要：依据水稻品种生境敏感性，将水稻品种分为生境敏感型品种、生境弱感型品种和生境钝感型品种。运用于评价水稻品种对生境反应敏感性的基本方法，评价了供试品种的生境敏感性，结果是：①籼粳杂交稻生境敏感性大于粳稻品种；②不同粳型品种对生境敏感性的表现是中熟晚粳＞早熟晚粳＞晚熟中粳＞中熟中粳；③在相同粳型的品种中，其生境敏感性表现也有较明显差别。本章还就迟熟水稻品种北移种植的原则等问题进行了讨论。

关键词：水稻；性状势；生境敏感性；敏感性指数；评价

淮北地区是我国黄淮海平原重要的稻作区。80年代，这一地区多种植单季早熟中稻，水稻产量升至500 kg/667 m^{2}后徘徊不前，进入90年代以后，由于科学地将淮南的中熟中稻、江南的晚熟中稻甚至早熟晚稻北移种植，水稻产量大幅度提高[1]，出现了一些水稻单产达600 kg/667 m^{2}的县市。但在水稻北移种植的实践中，我们发现有些品种的群体产量、分蘖数等性状指标随播期、密度、施N量等因素变化而变化的幅度大，有的则变幅小[2,3]。本文将水稻不同性状对生存环境因子产生敏感反应的特性称为水稻生

原载：《中国农业科学》，2001，34(1)：35-39
作者：王夫玉，张洪程，等
收稿日期：2000-02-28

境敏感性，如温度敏感性[4]、紫外光(UV-B)敏感性[5,6]、盐分敏感性[7]等，它是水稻品种固有的遗传特性，研究之，对正确评估水稻品种的稳产性及生态适应性具有重要意义，势将成为未来水稻高产乃至超高产育种、引种和栽培之不可或缺的环节。如何界定水稻生境敏感性，国内外尚未见报道，虽可借用品种产量稳定性鉴定方法进行评价，但难以反映水稻品种与生境因子间变化关系的实质。为此，本文拟依据偏迟熟水稻品种北移的试验资料，以品种产量作指标，对水稻生境敏感性及其评价方法作初步研究，并就偏迟熟水稻北移原则等有关问题进行讨论，以期服务于稻作实践。

9.1　材料与方法

9.1.1　供试地点

试验在江苏省东海县农业科学研究所进行，土壤为腰黑黄土，前茬均为小麦。土壤基础肥力为：有机质含量 1.27%，全氮 0.124%，速效氮、磷、钾分别为 149.1，19.6 和 95.0 mg/kg。

9.1.2　试验设计

试验分品种和播期两因素。供试品种均为中、大粒型，优势粒重为 30.85～33.70 mg，籽粒含水量均按 14.5%计。1997 年供试品种为镇稻 88(A，中熟中粳)、早丰 9 号(B，晚熟中粳)、武运粳 7 号(C，早熟晚粳)、武育粳 5 号(D，早熟晚粳)和太湖粳 2 号(E，中熟晚粳)；1998 年供试品种为 A、B、C、武运粳 8 号(F，晚熟中粳)和亚种间杂交组合 65002(G，晚熟中稻)；1999 年供试品种 A、B、C、F 和 G。1997—1999 年，播期处理均为 4 月 30 日(Ⅰ)、5 月 10 日(Ⅱ)、5 月 20 日(Ⅲ)、5 月 30 日(Ⅳ)和 6 月 9 日(Ⅴ)，10 d 间隔。

试验共25个处理组合，裂区设计，品种为主区，播期为副区。1997年小区面积13.33 m^2，1998、1999年小区面积均为11.44 m^2。试验重复3次。试验采用肥床旱育秧，净板播种量依播期顺次为20、35、50、100和200 kg/667 m^2。1997年6月24日移栽，密度为2.1万穴/667 m^2，每穴2苗，10月26日收获；1998、1999年均为6月25日移栽，密度为2.1万穴/667 m^2，除品种G每穴1苗外，其余均每穴2苗，10月26日收获。肥水管理及病虫防治均按高产田标准进行运筹。

9.1.3　测定项目

移栽时，每小区定点10穴记载茎蘖动态，第一重复各小区另定10穴记载叶龄，分蘖、叶龄观测记载均5 d一次，至齐穗期止。统一标准，及时记录不同处理的各个生育时期。试验统一于10月26日取样考查穗粒结构，并核收产量。

9.2　结果与分析

9.2.1　水稻生境敏感性评价原理

1）有关概念

（1）性状曲线　水稻某一性状指标随特定生境因子指标变化的关系曲线。本文为产量曲线，是水稻不同品种产量随播期变化的关系曲线。关系曲线一般用关系方程描述。

（2）界定曲线　用以评价水稻品种生境敏感性的对照（CK）曲线。可以是指定品种的性状曲线，也可以是供试品种的复合曲线，本文采用后者。其曲线也用关系方程描述。

（3）性状势（character potential）　又称绝对性状势，它是水稻性状指标值与相应生境因子指标值乘积的累加值。本文采用产量势（yield potential，YP）指标，是产量与时间d的乘积累加值。

性状势是性状曲线线下面积，有时不一定具有明确的生物学含义，仅是为解决问题而引入的中间变量或虚拟变量。

(4) 相对性状势(relative character potential, RCP) 指性状势与该性状指标的最大值之比。本文采用相对产量势指标，系产量势与该品种最高产量的比值，最高产量由产量与播期关系方程求算。

(5) 敏感性指数(sensitivity index, SI) 指待评水稻品种 RCP_i 与对照 RCP_{CK} 的比值。即：

$$SI_i = RCP_i/RCP_{CK}\ (i = 1, 2, \cdots) \tag{1}$$

以水稻品种相对产量势(relative yield potential, RYP)计算，则：

$$SI_i = RYP_i/RYP_{CK} \tag{2}$$

(1)、(2)式中，i 为第 i 个待评价品种，CK 为对照。

2) 确立关系曲线

水稻有若干性状，诸如产量、每穗粒数、株高等，组成一个性状集(character set)；生境有许多因子，诸如水分、温度、N 素、病菌等，组成一个因子集(factor set)。水稻性状受生境因子影响就表现为性状集依因子集变化。就水稻特定性状指标而言，其指标数据组成一个特定性状指标子集 $C(\{c_1, c_2, \cdots, c_j, \cdots\})$，而生境特定因子指标也可组成一个子集，称特定因子指标子集 $F(\{f_1, f_2, \cdots, f_k, \cdots\})$。两个子集存在映射(mapping)关系，即在其他条件一定的情况下，水稻特定性状指标均随生境特定因子指标变化而变化。因此，两者间存在下列因果关系：

$$C_i = \phi(f) \tag{3}$$

水稻产量(yield, Y)随不同播期距首播期的时间(t)呈抛物线变化，关系式为：

$$Y_i = a + bt - ct^2 \tag{4}$$

对照曲线方程可仿(3)、(4)式拟合。

3）计算敏感性指数

有了水稻性状指标与生境因子指标间的变化关系式，利用定积分求值，便可求出性状势，进而求得相对性状势：

$$RCP_i = \frac{1}{C_{i\cdot\max}}\int_{f_1}^{f_2}\phi(f)\mathrm{d}f \tag{5}$$

相对产量势可用(4)式求得：

$$\begin{aligned} RYP_i &= \frac{1}{Y_{i\cdot\max}}\int_0^T (a + bt - ct^2)\mathrm{d}t \\ &= (6aT + 3bT^2 - 2cT^3)/6Y_{i\cdot\max} \end{aligned} \tag{6}$$

(6)式中 T 为最后一次播期距首期的时间。作为对照的相对性状势(RCP_{CK}，RYP_{CK})算法同(5)、(6)式。然后，利用(1)、(2)式便可算出不同品种生境敏感性指数(SI_i)，进而可对供试品种作出生境敏感性评价。

9.2.2 播期对水稻产量及其变化的影响

1）年度、品种、播期对群体产量的影响

淮北地区露地育苗的安全始播期是 4 月 30 日(该日为东海县日均气温稳定通过 15℃的始日)前后，以 4 月 30 日为首播期，其后每 10 d 一个播期处理，共 5 个播期，1997—1999 年不同供试品种的产量汇于表 9-1。由表 9-1 数据表明，水稻群体产量不仅受品种影响，而且因年度、播期变化而变化，即环境影响水稻群体的产量形成。换言之，水稻品种对其生存环境具有敏感性反应。供试水稻品种产量变异系数(CV)随播期推迟而逐渐增大的结果(8.72→30.31)还表明，不同水稻品种对同一生存环境的反应是各异的，即水稻品种生境敏感性有差异。

2）品种产量与播期的关系

若以试验首播期 4 月 30 日(Ⅰ)为零点，其他播期距零点的天数(t)为自变量，不同品种相应的产量(Y)为依变量，根据表 1 内有关数据，可以拟合出 Y 与 t 的统计关系方程：$Y = a + bt - ct^2$。结果如表 9-2 所示。

表 9-1　播期与品种产量

年度	品种	产量(kg/667 m²)				
		Ⅰ	Ⅱ	Ⅲ	Ⅳ	Ⅴ
1997	A	709.1	731.8	744.8	695.4	631.3
	B	684.1	711.2	711.1	632.7	569.5
	C	617.5	550.3	483.4	382.7	255.0
	D	620.9	578.8	544.2	430.8	382.2
	E	546.9	482.2	384.6	217.7	137.0
1998	A	644.7	666.4	675.1	702.4	639.5
	B	715.3	710.8	709.2	675.4	628.3
	F	692.4	707.6	684.5	637.5	583.0
	G	795.1	714.6	704.0	695.1	504.7
	C	615.2	591.2	581.9	566.5	493.9
1999	A	706.7	677.8	671.3	660.7	605.7
	B	674.0	653.6	647.2	642.0	601.8
	F	720.1	704.7	699.7	649.1	644.3
	G	697.4	669.3	573.5	545.2	395.0
	C	666.9	644.7	597.6	583.3	468.5
平均	Mean	673.75	653.00	627.47	581.10	502.65
变异系数	CV	8.72	11.02	15.87	23.71	30.31

表 9-2　播期与品种产量、生境敏感性的关系

年度	品种	$Y_i = a + bt - ct^2$				Y_{max}	RYP_i	SI_i
		a	b	c	R			
1997	A	707.17	4.8229	0.1686	0.9906	741.66	38.50	1.1320
	B	686.27	7.3201	0.1849	0.9836	711.50	37.89	1.1141
	C	614.19	−4.5031	0.1106	0.9994	660.03	28.18	0.8286
	D	623.35	−3.6311	0.0656	0.9866	672.29	26.50	0.7782
	E	556.07	−7.9487	0.0724	0.9919	774.24	18.51	0.5443
	CK	637.41	−1.3880	0.1204	0.9948	641.41	34.01	—

续表 9-2

年度	品种	$Y_i = a + bt - ct^2$				Y_{max}	RYP_i	SI_i
		a	b	c	R			
1998	A	638.99	4.558 9	0.107 6	0.810 9	687.24	39.16	1.025 1
	B	712.91	1.260 3	0.083 9	0.908 0	717.64	38.65	1.011 8
	F	695.45	1.776 7	0.116 6	0.995 4	702.22	38.10	0.997 4
	G	771.60	0.228 4	0.155 8	0.926 5	771.68	35.93	0.940 6
	C	608.44	0.278 4	0.073 9	0.968 1	609.22	37.73	0.987 7
	CK	685.47	1.620 5	0.107 5	0.966 2	691.58	38.20	—
1999	A	700.22	−0.582 4	0.040 2	0.958 1	702.33	38.00	1.046 5
	B	669.43	−0.462 9	0.027 4	0.954 5	671.39	38.46	1.059 2
	F	721.53	−1.374 9	0.017 4	0.953 3	748.69	36.58	1.007 4
	G	696.62	−2.240 4	0.126 2	0.984 1	706.56	33.09	0.911 3
	C	662.07	−0.227 7	0.108 9	0.976 7	663.12	36.16	0.995 8
	CK	609.95	0.071 1	0.064 1	0.989 8	701.05	36.31	—

9.2.3 水稻品种生境敏感性分析

1）生境敏感性分类及其标准

根据生境敏感性指标 SI 的大小，可将水稻品种对生境因子变化的敏感反应分为 3 类：第 1 类为生境钝感型品种（environmental insensitive vatiety，EIV），其 $SI > 1$，SI 越大，品种对生境反应越钝感；第 2 类为生境弱感型品种（environmental weak-senstive variety，EWV），其 SI 为 1 或在 1 附近；第 3 类为生境敏感型品种（environmental strong-sensitive variety，ESV），其 $SI < 1$，其值越小，品种对生境反应越敏感。

2）供试品种生境敏感性评价

根据(4)、(6)、(2)式，算得供试品种生境敏感指数 SI，汇于表 9-2。根据表 9-2 可知：中熟中粳镇稻 88(A)和晚熟中粳早丰 9 号(B)属生境钝感型品种(EIV)，其 SI 均大于 1，3 年的试验结果是一致的；晚熟中粳武运粳 8 号(F)属生境弱感型品种(EWV)，其

SI 接近 1；而其余的供试品种均属生境敏感型品种(ESV)，其 SI 均小于 1。品种 SI 越低，其成熟时期(RMT)及成熟程度(DRP)越易受生境影响，详见表 9-3。

表 9-3 播期对水稻成熟期和成熟度影响

年度	品种	Ⅰ		Ⅱ		Ⅲ		Ⅳ		Ⅴ	
		RMT	DRP	RMT	DRP	RMT	DRP	RMT	DRP	RMT	DRP
1997	A	10/10	1.0[1)]	10/12	1.0	10/14	1.0	10/17	1.0	10/23	1.0
	B	10/13	1.0	10/15	1.0	10/18	1.0	10/20	1.0	10/26	1.0
	C	10/26	0.8[2)]	10/26	0.7	10/26	0.6	10/26	0.5	10/26	0.4
	D	10/26	0.9	10/26	0.8	10/26	0.7	10/26	0.6	10/26	0.5
	E	10/26	0.8	10/26	0.7	10/26	0.6	10/26	0.5	10/26	0.3
1998	A	10/8	1.0	10/10	1.0	10/13	1.0	10/17	1.0	10/21	1.0
	B	10/10	1.0	10/13	1.0	10/15	1.0	10/19	1.0	10/22	1.0
	F	10/20	1.0	10/21	1.0	10/22	1.0	10/26	0.9	10/26	0.8
	G	10/12	1.0	10/15	1.0	10/19	1.0	10/26	0.7	10/26	0.5
	C	10/26	0.9	10/26	0.8	10/26	0.7	10/26	0.6	10/26	0.5
1999	A	10/16	1.0	10/18	1.0	10/21	1.0	10/23	1.0	10/26	1.0
	B	10/18	1.0	10/21	1.0	10/23	1.0	10/26	1.0	10/26	0.9
	F	10/21	1.0	10/26	1.0	10/26	0.8	10/26	0.7	10/26	0.4
	G	10/26	0.9	10/26	0.8	10/26	0.7	10/26	0.6	10/26	0.5
	C	10/23	1.0	10/26	1.0	10/26	0.9	10/26	0.8	10/26	0.7

1) 10 月 10 日完全成熟 Ripening panicle of 100% at October, 10
2) 10 月 26 日八成成熟 Ripening panicle of 80% at October, 26

表 9-3 结果表明，在淮北地区 5 月份播种，生境钝感品种(A，B)均可安全成熟，生境弱感型品种(F)在 5 月中旬前播种可安全成熟，而生境敏感型品种(D、E、C、G)则因年度不同而成熟度表现差异较大。

3) 水稻生境敏感性的一般结论

根据试验结果，似可得出一般结论：第一，籼粳亚种间杂交组合(65002)比粳稻品种对生境反应更敏感，这与前人关于亚种间杂交育性更易受环境影响而产生波动的论断相一致[8]。第二，在不同粳型水稻中，品种生境敏感性大小的一般规律是：中熟晚粳(E)＞早熟晚粳(C、D)＞晚熟中粳(B、F)＞中熟中粳(A)，与水稻品种的感光性相一致[9]。研究表明，抽穗后的有效积温是决定群体产量最重要的因素，所以，感光性越强的品种，其因抽穗越迟，抽穗后可供灌浆之需的有效积温越小，产量越低，导致对生境反应越敏感。第三，在相同粳型水稻中，品种生境敏感性的差别也较大，如同为晚熟中粳品种，早丰 9 号(B)为生境钝感型品种，而武运粳 8 号(F)则为生境弱感型品种。

9.3 讨论

9.3.1 关于水稻对生境反应敏感性的多样性

水稻对生境反应敏感性具有多样性，这主要是因为水稻性状和生境因子的多样性决定的。水稻性状有营养性状和生殖性状之分，生境因子也有气候因子、土壤因子和生物因子之分。水稻不同性状和众多生境因子组合便产生了多样性的敏感性反应，诸如水稻品种的温敏感性、紫外光敏感性、肥敏感性等等，而肥敏感性又可分 N 敏感性、K 敏感性、Zn 敏感性等。本章所研究的水稻品种产量对播期反应敏感性，实质上是水稻品种综合性状与生境综合因子之间的关系，若深究，两者关系主要表现为群体籽粒充实度与灌浆期有效积温的关系。

9.3.2 关于水稻生境敏感性与其他特性的关系

水稻品种的其他特性主要包括丰产性、稳定性和生态适应性等。分析表 2 中 Y_{max}与 SI 间的相关系数，1997 年为－0.146 3，1998 年为－0.440 4，1999 年为－0.205 7，远未达显著水平，这些结果表明水稻品种生境敏感性与其丰产性不相关或相关的可能甚小，即低产品种与高产品种同样对生存环境的反应具有多样性。

水稻品种生境敏感性越强，产量变幅越大，其稳产性越差，反之则相反，即两者关系是互逆的。水稻品种生境敏感性越强，其对生态适应性越差，反之，对生境反应越钝感的品种，其生态适应性越强。所以，根据水稻品种生境敏感性指数的大小，可以对其稳产性和生态适应性等作出正确评判。

9.3.3　关于偏迟熟水稻品种北移应遵循的原则

偏迟熟水稻尤其是粳稻北移，具有巨大的增产潜力[1]，但要成功实现之，必须遵循以下原则：第一，粳稻优先原则。在稻的起源和演化过程中，由于籼稻逐渐形成了对生境反应更敏感的特性，因此，偏迟熟水稻品种北移应优先考虑粳稻品种，其次是籼杂交组合，再次是籼稻品种，然后才是籼粳亚种间杂交组合。第二，生境钝感型原则。在同等条件下，应优先考虑北移生境反应钝感型品种，而北移对生境反应弱感或敏感型品种时一定要慎重。第三，良种良法配套原则。北移偏迟熟优质高产水稻品种，一般对生境反应较敏感，其农艺措施可调范围小，栽培技术要求严格，必须做好良种良法配套，才能获得预期成果。

参考文献：

[1] Zhang H C, Dai Q G, Huo Z Y, et al. Studies on the techniques for northtoward acclimatization and high yielding of rice with rather late maturation in Jiangsu[J]. Journal of Jiangsu Agricultural College, 1996,17(3):51-56. (in Chinese)

张洪程，戴其根，霍中洋，等. 偏迟熟水稻北移及配套高产栽培技术研究[J]. 江苏农学院学报，1996，17(3)：51-56.

[2] Wang F Y, Huang P S. Study on basic dynamic model for stem and tiller growth and population classification in rice[J]. Scientia Agricultura Sinica, 1997,30(1):57-64. (in Chinese)

王夫玉，黄丕生. 水稻群体茎蘖消长模型及群体分类研究[J]. 中国农业科学,1997,30(1):57-64.

[3] Wang F Y, Huang P S. Study on source — sink characteristics and high — yield cultivation strategies of rice populationl[J]. Scientia Agricultura Sinica, 1997,30(5):26-33. (in Chinese.)
王夫玉,黄丕生. 水稻群体源库特征及高产栽培策略研究[J]. 中国农业科学,1997,30(5):26-33.

[4] Yin X Y, Martin J Kroppff, Jan Goudriaan, et al. Change in temperature sensitivity of development from sowing to flowering in rice[J]. Crop Science, 1997,37(6):1787-1794.

[5] Lakpale R, et al. Influence of date of planting and fertilizer ap plication on photo — sensitive and insensitive rice cultivars [J]. Mysore Journal of Agricultural Sciences, 1995,29(4):293-297.

[6] Barnes P W, et al. Intraspecific variation in sensitivity to UVB radiation in rice [J]. Crop Science, 1993,33(5):1041-1046.

[7] Mohiuddin A S M, et al. Growth yield and N, P, K & Na contents of paddy under waline sater irrigation [J]. Interntional Journal of Tropical Agriculture, 1998,16(1/4):25-32.

[8] Tang S Z, Pan X B, Chen Z X, et al. Stability of the compatibility expressed in hybrid fertility of wide compatibility varieties of rice[J]. Journal of Jiangsu Agricultural College, 1996,17(2):1-5. (in Chinese)
汤述翥,潘学彪,陈宗祥,等. 部分广亲和品种亲和性表达的稳定性[J]. 江苏农学院学报,1996,17(2):1-5.

[9] Tang S Z. Photoperiodic response in rice[J]. Rice Abstract, 1991,10(6):1-4. (in Chinese)
汤圣祥. 水稻的感光性[J]. 水稻文摘,1991,10(6):1-4.

Environmental Sensitivity of Rice Variety

Abstract: Rice varieties can be divided into strong environmentally sensitive variety(ESV), weak environmentally sensitive variety (EWV) and environmentally insensitive variety (EIV)by environmental sensitivity of rice. The general method that was used to evaluate this environmental sensitivity(ES) of rice variety was put forward in this chaper. ESs of varieties were evaluated as follows: (1) ES of indica-japonica hybird rice (65002) was more sensitive than that of japonica rice; (2) The order of ESs of japonica type varieties was medium-maturing late japonica variety>early-maturing late japonica variety>late-maturing medium japonica variety>medium-maturing medium japonica variety; (3) There was a significant difference in ESs among varieties of the same japonica-type rice, too. Some problems, such as the principles of rather late-maturing rice planting northward, were also discussed at the end of the chaper.

Key Words: rice; character potentical; environmental sensitivity; sensytivity index; evaluation